中等职业教育建筑工程施工专业规划教材

建筑识图

主　编　居义杰　李思丽
副主编　许学英
主　审　刘红英

武汉理工大学出版社
·武汉·

内 容 简 介

本书是根据教育部 2009 年发布的《中等职业学校土木工程识图教学大纲》和现行国家制图标准等相关规范编写的。全书共分 8 个项目,包括:了解建筑工程施工图、绘制简单施工图、投影法在建筑工程图中的应用、建筑形体的图样表达方法、建筑工程施工图认知、建筑施工图识读、测绘建筑施工图、施工图识读实务模拟——图纸会审。在内容编排上,注重使学生掌握建筑工程施工专业必备的建筑工程图识读的基础知识和基本技能,认识建筑、了解建筑,为学习后续专业技能课程打下基础;对学生进行职业意识培养和职业道德教育,使其形成严谨、敬业的工作作风,为今后解决生产实际问题和职业生涯的发展奠定基础。

本书有配套习题集,并附图纸一套,供课堂教学和练习使用。适用于中等职业学校建筑工程施工、建筑装饰、工程造价等专业的课程教学,也可作为职业岗位培训教材,还可作为工程技术人员的参考用书。

图书在版编目(CIP)数据

建筑识图/居义杰,李思丽主编. —武汉:武汉理工大学出版社,2011.8(2013.8 重印)
 ISBN 978-7-5629-3562-9

Ⅰ.①建…　Ⅱ.①居…　②李…　Ⅲ.①建筑制图-识别-中等专业学校-教材　Ⅳ.①TU204

中国版本图书馆 CIP 数据核字(2011)第 173552 号

项目负责人:张淑芳	责 任 编 辑:张淑芳
责 任 校 对:郭　芳	装 帧 设 计:牛　力

出版发行:武汉理工大学出版社
社　　　址:武汉市洪山区珞狮路 122 号
邮　　　编:430070
网　　　址:http://www.techbook.com.cn
经　　　销:各地新华书店
印　　　刷:湖北丰盈印务有限公司
开　　　本:787×1092　1/16
印　　　张:11.25　插页:6　附页:40
字　　　数:424 千字
版　　　次:2011 年 8 月第 1 版
印　　　次:2013 年 8 月第 3 次印刷
印　　　数:8001—11000 册
定　　　价:31.00 元

凡购本书,如有缺页、倒页、脱页等印装质量问题,请向出版社发行部调换。
本社购书热线电话:027-87515778　87515848　87785758　87165708(传真)

·版权所有　盗版必究·

中等职业教育建筑工程施工专业规划教材
出 版 说 明

为了贯彻《国务院关于大力发展职业教育的决定》精神，落实《教育部关于进一步深化中等职业教育教学改革的若干意见》，适应中等职业教育对建筑工程施工专业的教学要求和人才培养目标，推动中等职业学校教学从学科本位向能力本位转变，以培养学生的职业能力为导向，调整课程结构，合理确定各类课程的学时比例，规范教学，促使学生更好地适应社会及经济发展的需要，武汉理工大学出版社经过广泛的调查研究，分析了图书市场上现有教材的特点和存在的问题，并广泛听取了各学校的宝贵意见和建议，组建了"中等职业教育建筑工程施工专业规划教材编委会"，组织编写了一套高质量的中等职业教育建筑工程施工专业规划教材。

本套教材具有如下特点：

1. 坚持以就业为导向、以能力为本位的理念，兼顾项目教学和传统教学课程体系；

2. 理论知识以"必需、够用"为度，突出实践性、实用性和学生职业能力的培养；

3. 基于工作过程编写教材，将典型工程的施工过程融入教材内容之中，并尽量体现近几年国内外建筑新技术、新材料和新工艺；

4. 采用最新颁布的《房屋建筑制图统一标准》、《混凝土结构设计规范》、《建筑抗震设计规范》、《建设工程工程量清单计价规范》等最新的国家标准和相关技术规范；

5. 借鉴高职教育人才培养方案和教学改革成果，加强中职、高职教育的课程衔接，以利于学生的可持续发展；

6. 体现工学结合的办学理念，由骨干教师和建筑施工企业工程技术人员共同参与编写工作，以保证教材内容符合工程实际。

本套教材适用于中等职业学校建筑工程施工、工程造价、建筑装饰、建筑设备等专业相关课程教学和实践性教学，也可作为职业岗位技术培训教材。

教材建设是我们全体编写者、出版者共同的事业和追求，出版高质量的教材是我们共同的责任和义务。我们诚挚地希望广大专家、学者和读者在使用这套教材的过程中提出宝贵意见和建议，以便今后不断地修订和完善。

中等职业教育建筑工程施工专业规划教材编委会
武汉理工大学出版社
2011 年 7 月

中等职业教育建筑工程施工专业规划教材
编委会名单

顾　　　问：李宏魁　范文昭　宋兵虎　赵　旭　戴恩情
主　　　任：杨　庚　田　高
副 主 任：(按姓氏笔画为序)
　　　　　　毛润山　冯　珊　刘红英　纪光泽　吴承霞
　　　　　　张文晨　郑　华　赵庆华　郭宝元　程超胜
　　　　　　杨学忠
委　　　员：(按姓氏笔画为序)
　　　　　　王久军　王立霞　王庆刚　王海平　王雪平
　　　　　　方世康　甘玉明　田欣第　付英涛　付秀艳
　　　　　　吕　颖　朱　缨　刘　峰　刘卫红　刘春梅
　　　　　　孙志杰　杨效杉　李　明　李　艳　李　娟
　　　　　　李　静　李思丽　张　忠　张　珂　张月霞
　　　　　　张丽军　张孟同　张敬伟　张智勇　邱培彪
　　　　　　金舜卿　周明月　郑君英　居义杰　孟　华
　　　　　　赵　浩　赵爱书　茹望民　原筱丽　郭晓霞
　　　　　　曹海成　董恩江　童　霞　曾小红　滕　春
秘 书 长：张淑芳
总责任编辑：高　英

前　言

"建筑识图"是建筑工程学科专业基础课之一。其任务是：使学生掌握建筑工程施工专业必备的建筑工程图识读的基础知识和基本技能，对学生进行职业意识培养和职业道德教育，为今后解决生产实际问题和职业生涯的发展奠定基础。为贯彻《国务院关于大力发展职业教育的决定》精神，落实《教育部关于进一步深化中等职业教育教学改革的若干意见》，提高中等职业教育教学水平，由中等职业教育建筑工程施工专业规划教材编审委员会组织、武汉理工大学出版社主持中等职业教育建筑工程施工专业规划教材的编写工作。本书是根据教育部2009年发布的《中等职业学校土木工程识图教学大纲》和现行国家制图标准等相关规范编写的。

本书共分8个项目，包括：了解建筑工程施工图、绘制简单施工图、投影法在建筑工程图中的应用、建筑形体的图样表达方法、建筑工程施工图认知、建筑施工图识读、测绘建筑施工图、施工图识读实务模拟——图纸会审。本着教学中以学生为主体的原则，结合中职教育的特点，本书通过识读工程图实例的典型活动，结合学生熟悉的生活环境，培养学生养成善于观察和勤于动手的良好习惯，逐步提高空间想象能力。同时，在建筑工程识图基本技能训练过程中渗透职业意识和职业道德教育，使学生养成实事求是、严谨细致的工作作风。本书实操性强，理论精练，模式新颖，符合中职教育的特点。

本书有配套习题集，并附图纸一套，供课堂教学和练习使用。

本书由唐山市建筑工程中等专业学校居义杰、河南建筑职业技术学院李思丽任主编，石家庄市城乡建设学校许学英任副主编。具体分工如下：项目1由唐山市建筑工程中等专业学校陈佳伟编写，项目2由唐山市建筑工程中等专业学校高静编写，项目3由居义杰编写，项目4由许学英编写，项目5由河南建筑职业技术学院王燕鹏编写，项目6由河南建筑职业技术学院郭妍编写，项目7、8由李思丽编写。

本书由邯郸建筑工程学校刘红英副校长主审。

本书在编写过程中得到唐山市建筑工程中等专业学校王宏伟、张丽军、张淑红、张绍博、王俊等几位老师和河北天昊建筑设计有限公司王卫国、王海涛两位工程师的帮助与支持，在此深表感谢！同时，在编写过程中参阅了国内外出版的有关教材和资料，在此一并感谢！

由于编者水平有限，编写时间仓促，书中难免有不妥之处，恳请读者批评指正。

本书配有电子教案，凡选用本教材的老师可拨打 027 - 87290527 或 13545008379 索取。

编　者
2011年6月

目 录

项目1 了解建筑工程施工图 (1)

1.1 初识建筑施工图 (2)
1.2 制图标准简介 (2)
    1.2.1 制图标准的意义 (2)
    1.2.2 《房屋建筑制图统一标准》的内容 (2)
1.3 图纸幅面规格与图纸编排顺序 (3)
    1.3.1 图纸幅面及图框尺寸 (3)
    1.3.2 标题栏 (4)
1.4 图线 (6)
    1.4.1 图线的宽度 (6)
    1.4.2 图线的类型和用途 (8)
    1.4.3 图线的画法 (9)
1.5 字体 (9)
    1.5.1 汉字 (10)
    1.5.2 数字和字母 (11)
1.6 比例 (12)
1.7 尺寸标注 (12)
1.8 施工图中常见平面图形的尺寸标注 (15)
    1.8.1 尺寸的排列与布置 (15)
    1.8.2 半径、直径和球的尺寸标注 (15)
    1.8.3 角度、圆弧和坡度的尺寸标注 (17)
1.9 计算机制图基本知识 (18)
    1.9.1 计算机制图文件 (18)
    1.9.2 计算机制图图层 (19)
    1.9.3 计算机制图规则 (19)

项目2 绘制简单施工图 (23)

2.1 识读简单施工图 (23)
    2.1.1 概述 (23)
    2.1.2 施工图的识读 (24)
2.2 制图工具与用品 (26)

  2.2.1 图纸和图板 ……………………………………………………………… (26)
  2.2.2 丁字尺和三角板 …………………………………………………… (26)
  2.2.3 绘图笔 ……………………………………………………………… (27)
  2.2.4 圆规和分规 ………………………………………………………… (29)
  2.2.5 曲线板和建筑模板 ………………………………………………… (29)
  2.2.6 比例尺 ……………………………………………………………… (30)
  2.2.7 擦图片 ……………………………………………………………… (31)
  2.2.8 其他用品 …………………………………………………………… (31)
 2.3 施工图中常见图形画法 ………………………………………………… (31)
 2.4 绘图步骤和方法 ………………………………………………………… (38)
  2.4.1 绘图前的准备 ……………………………………………………… (38)
  2.4.2 绘制铅笔底稿 ……………………………………………………… (39)
  2.4.3 加深图线 …………………………………………………………… (41)
  2.4.4 描图 ………………………………………………………………… (41)

项目3 投影法在建筑工程图中的应用 ……………………………………… (43)

 3.1 投影概念及在建筑工程图中的应用 …………………………………… (43)
  3.1.1 投影的概念 ………………………………………………………… (43)
  3.1.2 投影的分类及在建筑工程图中的应用 …………………………… (44)
 3.2 三面正投影图及形成规律 ……………………………………………… (50)
  3.2.1 三面正投影图的形成 ……………………………………………… (51)
  3.2.2 三面正投影图的规律 ……………………………………………… (53)
  3.2.3 三面正投影图的画法示例 ………………………………………… (55)
 3.3 点、线、面的投影 ……………………………………………………… (56)
  3.3.1 点的投影 …………………………………………………………… (56)
  3.3.2 直线的投影 ………………………………………………………… (61)
  3.3.3 平面的投影 ………………………………………………………… (68)
 3.4 简单形体的投影 ………………………………………………………… (75)
  3.4.1 简单平面体的投影 ………………………………………………… (75)
  3.4.2 简单曲面体的投影 ………………………………………………… (77)
  3.4.3 简单形体投影图的绘制 …………………………………………… (78)
 3.5 建筑形体的投影 ………………………………………………………… (83)
  3.5.1 建筑形体的形成方法 ……………………………………………… (84)
  3.5.2 建筑形体投影的画图步骤 ………………………………………… (85)
  3.5.3 建筑形体投影图的识读 …………………………………………… (86)

项目4 建筑形体的图样表达方法 …………………………………………… (92)

 4.1 轴测投影 ………………………………………………………………… (92)

4.1.1　轴测投影的形成 ………………………………………………………… (93)
　　4.1.2　轴测投影的特性 ………………………………………………………… (94)
　　4.1.3　轴测投影的分类 ………………………………………………………… (94)
　　4.1.4　常用的轴测投影 ………………………………………………………… (95)
　　4.1.5　轴测投影的画法 ………………………………………………………… (96)
　4.2　剖面图 ……………………………………………………………………… (101)
　　4.2.1　剖面图的形成 …………………………………………………………… (101)
　　4.2.2　剖面图的标注 …………………………………………………………… (102)
　　4.2.3　剖面图的线型 …………………………………………………………… (103)
　　4.2.4　剖面图的分类 …………………………………………………………… (103)
　　4.2.5　剖面图的画法 …………………………………………………………… (106)
　4.3　断面图 ……………………………………………………………………… (107)
　　4.3.1　断面图的形成 …………………………………………………………… (107)
　　4.3.2　断面图的标注 …………………………………………………………… (107)
　　4.3.3　剖面图与断面图的区别 ………………………………………………… (107)
　　4.3.4　断面图的分类 …………………………………………………………… (108)
　4.4　建筑形体的尺寸 …………………………………………………………… (109)
　　4.4.1　标注尺寸的种类 ………………………………………………………… (109)
　　4.4.2　标注尺寸的步骤 ………………………………………………………… (110)
　　4.4.3　标注尺寸的注意事项 …………………………………………………… (111)

项目5　建筑工程施工图认知 …………………………………………………… (114)

　5.1　建筑物的组成部分及作用认知 …………………………………………… (115)
　5.2　建筑工程施工图的产生、分类及编排顺序 ……………………………… (116)
　　5.2.1　建筑工程施工图的产生 ………………………………………………… (116)
　　5.2.2　建筑工程施工图的分类 ………………………………………………… (117)
　　5.2.3　建筑工程施工图的编排顺序 …………………………………………… (117)
　5.3　建筑工程施工图有关制图标准认知 ……………………………………… (117)
　　5.3.1　建筑工程施工图常用图例 ……………………………………………… (118)
　　5.3.2　建筑工程施工图常用符号 ……………………………………………… (123)
　5.4　建筑施工图的图示特点和识读方法 ……………………………………… (128)
　　5.4.1　建筑施工图的图示特点 ………………………………………………… (128)
　　5.4.2　建筑施工图的识读方法 ………………………………………………… (128)

项目6　建筑施工图识读 …………………………………………………………… (130)

　6.1　首页图阅读和总平面图识读 ……………………………………………… (130)
　　6.1.1　首页图阅读 ……………………………………………………………… (130)

  6.1.2 总平面图识读 …………………………………………………………(134)
 6.2 建筑平面图识读 …………………………………………………………(137)
 6.3 建筑立面图识读 …………………………………………………………(144)
 6.4 建筑剖面图识读 …………………………………………………………(149)
 6.5 建筑详图识读 ……………………………………………………………(151)
  6.5.1 外墙墙身构造详图识读 ……………………………………………(152)
  6.5.2 楼梯详图识读 ………………………………………………………(154)

*项目7 测绘建筑施工图 ……………………………………………………(157)

 7.1 建筑测绘概述 ……………………………………………………………(157)
 7.2 建筑单体测绘的内容 ……………………………………………………(157)
 7.3 建筑单体测绘的步骤 ……………………………………………………(158)

*项目8 施工图识读实务模拟——图纸会审 …………………………………(160)

 8.1 图纸会审认知 ……………………………………………………………(160)
  8.1.1 图纸会审的目的 ……………………………………………………(160)
  8.1.2 图纸会审的程序 ……………………………………………………(162)
  8.1.3 图纸会审的内容 ……………………………………………………(162)
  8.1.4 会审记录的内容 ……………………………………………………(162)
  8.1.5 会审记录的发送 ……………………………………………………(163)
 8.2 图纸会审实务模拟 ………………………………………………………(164)

参考文献 ……………………………………………………………………………(165)

附录 某别墅施工图 ………………………………………………………………(167)

项目 1　了解建筑工程施工图

教学目标

1. 了解建筑工程施工图的用途,能看懂简单平面图形;
2. 了解常用绘图工具和用品,会使用常用绘图工具;
3. 掌握基本制图国家标准中关于图幅、图线、字体、比例、尺寸标注等有关规定;
4. 能绘制简单建筑图样。

情境导入

当你购买新房时,售楼工作人员递给你两张如图 1.1 所示的户型图,你能够看懂吗?这两套房子建筑面积分别是多少?分别是几室几厅?你能指出厕所、厨房、阳台的位置吗?你想购买哪一套?

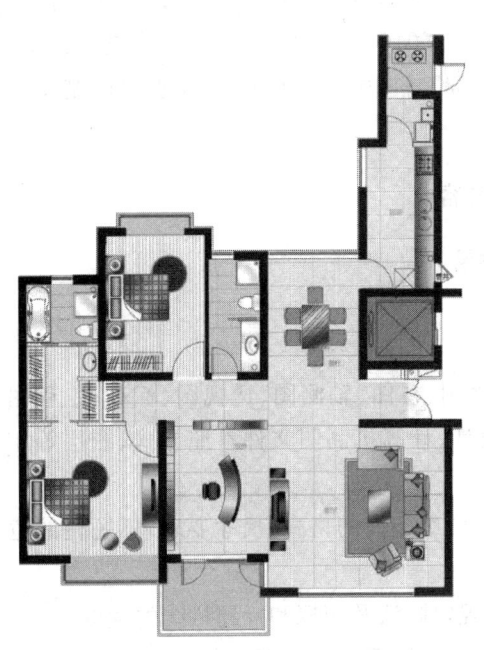

三室两厅两卫

12#楼9~18层,参考建筑面积约 154m²

(a)

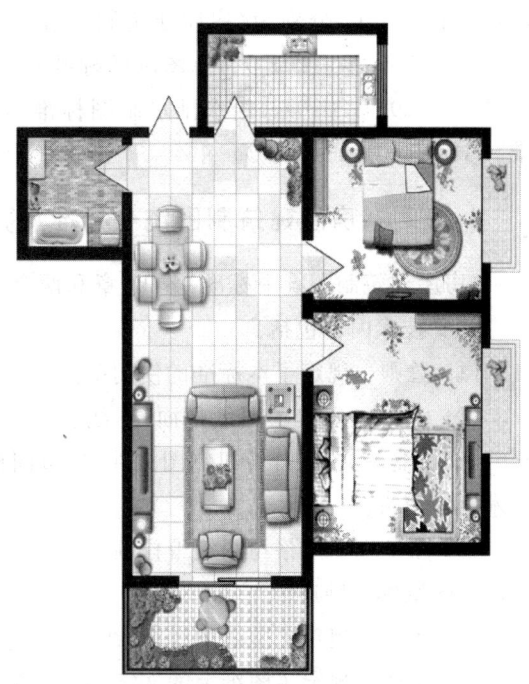

A 户型　建筑面积:90.47m²

(b)

图 1.1

1.1 初识建筑施工图

　　房屋即建筑物,是人们生产、生活、工作和学习等各种活动的场所,与人类的生活密切相关。建造一幢房屋是一个复杂的工程,需要经过设计和施工两个阶段。建筑施工图就是将一幢拟建的房屋按照设计的要求以及国家标准的规定,用正投影的方法,详细、准确地将房屋的造型和构造用图形表达出来的一套图纸,是建造房屋的依据。

　　在实际工程中,一套完整的建筑工程图包括各专业的施工图样,如建筑施工图、结构施工图、设备施工图等,少则十几张,多则百余张。

　　当给你一套建筑工程图时,你应该从何入手？如何分类？怎样开始读图直至看懂呢？这些都要从下节讲解的国家制图标准入手。

1.2 制图标准简介

1.2.1 制图标准的意义

　　工程图样是工程中的技术语言,设计、施工、监理、预算等各方人员都依据工程图样进行沟通和交流,因此,所有图样的绘制和识读都必须有统一的标准。我国现行的建筑制图国家标准有6个,分别为《房屋建筑制图统一标准》(GB/T 50001—2010)、《建筑制图标准》(GB/T 50104—2010)、《总图制图标准》(GB/T 50103—2010)、《建筑结构制图标准》(GB/T 50105—2010)、《给水排水制图标准》(GB/T 50106—2010)和《暖通空调制图标准》(GB/T 50114—2010)。

1.2.2 《房屋建筑制图统一标准》的内容

　　《房屋建筑制图统一标准》分14章和两个附录。
　　主要技术内容包括：
　　(1)总则　规定了本标准的使用范围。
　　(2)术语　规定了图纸幅面、图线、字体、比例、视图、轴测图、透视图、标高、工程图纸、计算机制图文件、计算机制图文件夹、协同设计、计算机制图文件参照方式、图层等相关术语的定义。
　　(3)图纸幅面规格与图纸编排顺序　规定了图纸幅面的格式、尺寸要求,标题栏的位置以及图纸编排顺序。
　　(4)图线　规定了图线的线型、线宽、用途、规定画法及图框和标题栏线的宽度。
　　(5)字体　规定了图纸上的文字、数字、符号的书写要求和规则。
　　(6)比例　规定了比例系列和用法。
　　(7)符号　对图面符号做了统一规定,包括剖切符号、索引符号与详图符号、引出线和其他符号。

(8) 定位轴线　规定了定位轴线的绘制方法、编号和编写方法。

(9) 常用建筑材料图例　规定了常用建筑材料的统一画法。

(10) 图样画法　规定了图样的投影法、视图布置、剖面图与断面图、简化画法、轴测图和透视图的画法。

(11) 尺寸标注　规定了尺寸标注的一般方法,尺寸的排列与布置、简化标注及标高的标注方式。

(12) 计算机制图文件　对计算机制图文件的一般规定、图纸编号方法、计算机制图文件的命名、计算机制图文件夹、计算机制图文件的使用与管理、协同设计与计算机制图文件进行了规定。

(13) 计算机制图文件的图层　规定了计算机制图文件的图层命名及格式。

(14) 计算机制图规则　对计算机制图中关于方向与指北针、坐标系与原点、布局、比例进行了规定。

附录内容为:

附录 A　常用工程图纸编号与计算机制图文件名称举例。

附录 B　常用图层名称举例。

本项目只介绍《房屋建筑制图统一标准》(GB/T 50001—2010)中图幅、图线、字体、比例及尺寸标注等内容和规定。

1.3　图纸幅面规格与图纸编排顺序

为了便于使用和保管,《房屋建筑制图统一标准》(GB/T 50001—2010)对图纸的幅面格式、标题栏及图纸的编排顺序作了统一的规定。

1.3.1　图纸幅面及图框尺寸

(1) 基本幅面

绘图时,图样的大小和规格应符合表1.1中规定的图纸幅面及图框尺寸。

表 1.1　幅面及图框尺寸(mm)

尺寸代号＼幅面代号	A0	A1	A2	A3	A4
$b \times l$	841×1189	594×841	420×594	297×420	210×297
c	10				5
a	25				

各号图纸基本幅面的尺寸关系是:沿上一号图纸的长边对裁,即为下一号图纸的幅面大小。

(2) 加长幅面

必要时,也可以加长图纸。但图纸的短边尺寸不应加长,A0~A3 幅面长边尺寸可加长,但应符合表 1.2 的规定。

表 1.2　图纸长边加长尺寸(mm)

幅面代号	长边尺寸	长边加长后的尺寸			
A0	1189	1486(A0+1/4l)	1635(A0+3/8l)	1783(A0+1/2l)	1932(A0+5/8l)
		2080(A0+3/4l)	2230(A0+7/8l)	2378(A0+1l)	
A1	841	1051(A1+1/4l)	1261(A1+1/2l)	1471(A1+3/4l)	1682(A1+1l)
		1892(A1+5/4l)	2102(A1+3/2l)		
A2	594	743(A2+1/4l)	891(A2+1/2l)	1041(A2+3/4l)	1189(A2+1l)
		1338(A2+5/4l)	1486(A2+3/2l)	1635(A2+7/4l)	1783(A2+2l)
		1932(A2+9/4l)	2080(A2+5/2l)		
A3	420	630(A3+1/2l)	841(A3+1l)	1051(A3+3/2l)	1261(A3+2l)
		1471(A3+5/2l)	1682(A3+3l)	1892(A3+7/2l)	

注:有特殊需要的图纸,可采用 $b×l$ 为 841 mm×891 mm 与 1189mm×1261mm 的幅面。

1.3.2　标题栏

图纸中应有图框线、标题栏、装订边线和对中标志,画法如图 1.2、图 1.3 所示。

图纸分横式和立式两种幅面。以短边作垂直边称为横式,如图 1.2 所示;以短边作水平边称为立式,图 1.3 所示。一般 A0~A3 幅面的图纸宜采用横式幅面,也可采用立式幅面;A4 幅面的图纸宜采用立式幅面。

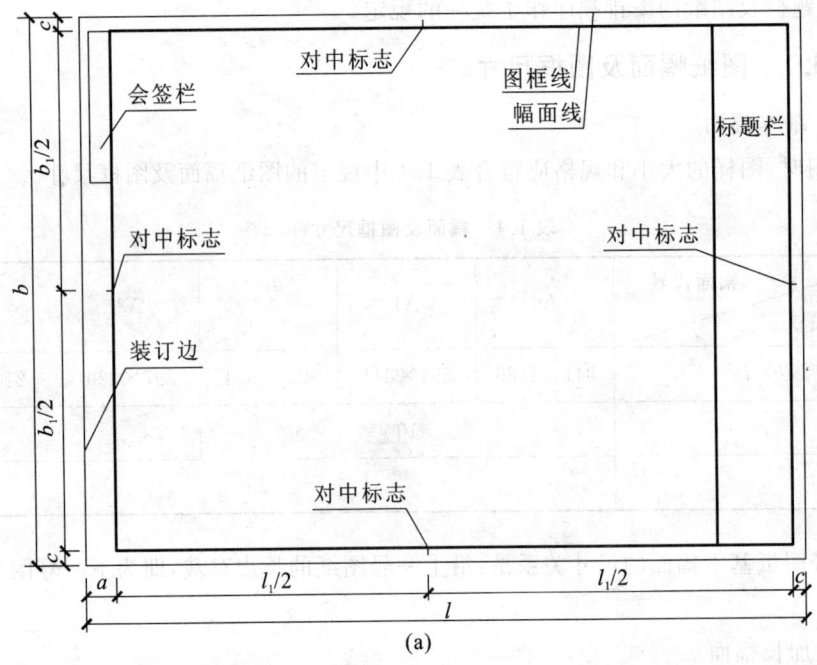

(a)

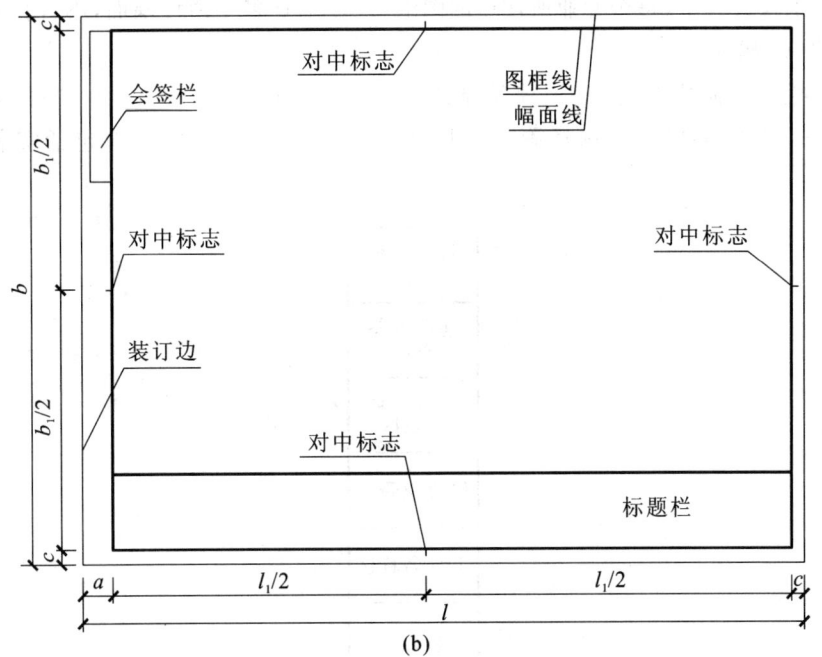

图 1.2 A0～A3 幅面

(a)A0～A3 横式幅面(一);(b)A0～A3 横式幅面(二)

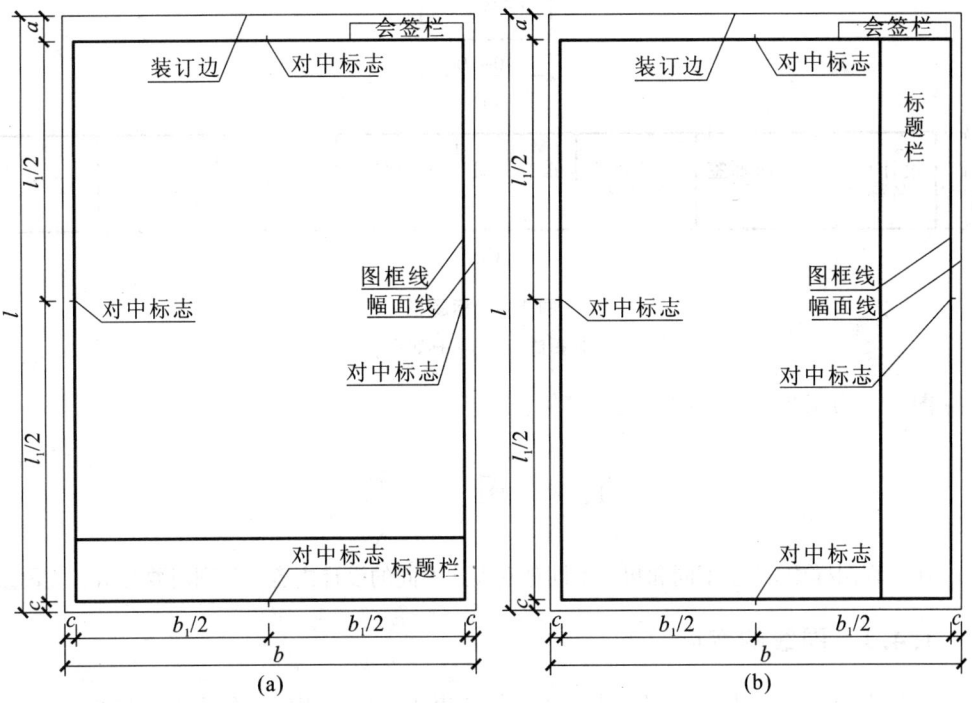

图 1.3 A0～A4 立式幅面

(a)A0～A4 立式幅面(一);(b)A0～A4 立式幅面(二)

一个工程设计中,每个专业所使用的图纸,一般不宜多于两种幅面,不含目录及表格所采用的A4幅面。

标题栏的绘制应符合《房屋建筑制图统一标准》(GB/T 50001—2010)的规定。如图1.4所示,根据工程需要选择确定其尺寸、格式及分区。签字栏应包括实名列和签名列。

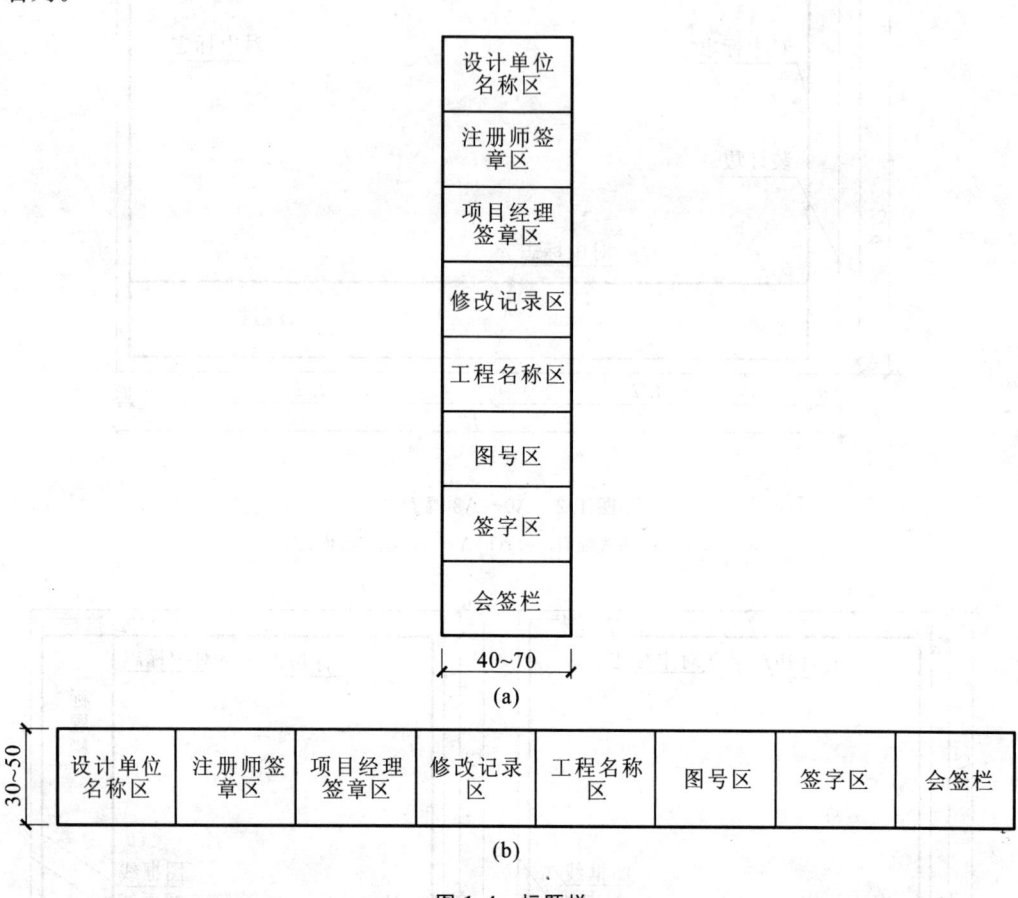

图1.4 标题栏
(a)标题栏(一);(b)标题栏(二)

图1.5为工程制图中的标题栏实例。

1.4 图　　线

在工程图样中,线型不同和粗细不同分别表达不同的设计内容。识图时要分清各类图线。

1.4.1 图线的宽度

图线有粗、中粗、中、细之分,线宽比应符合表1.3中的规定。每个图样应根据形体的复杂程度和比例大小,确定基本线宽b,再选用表1.3中的线宽组。

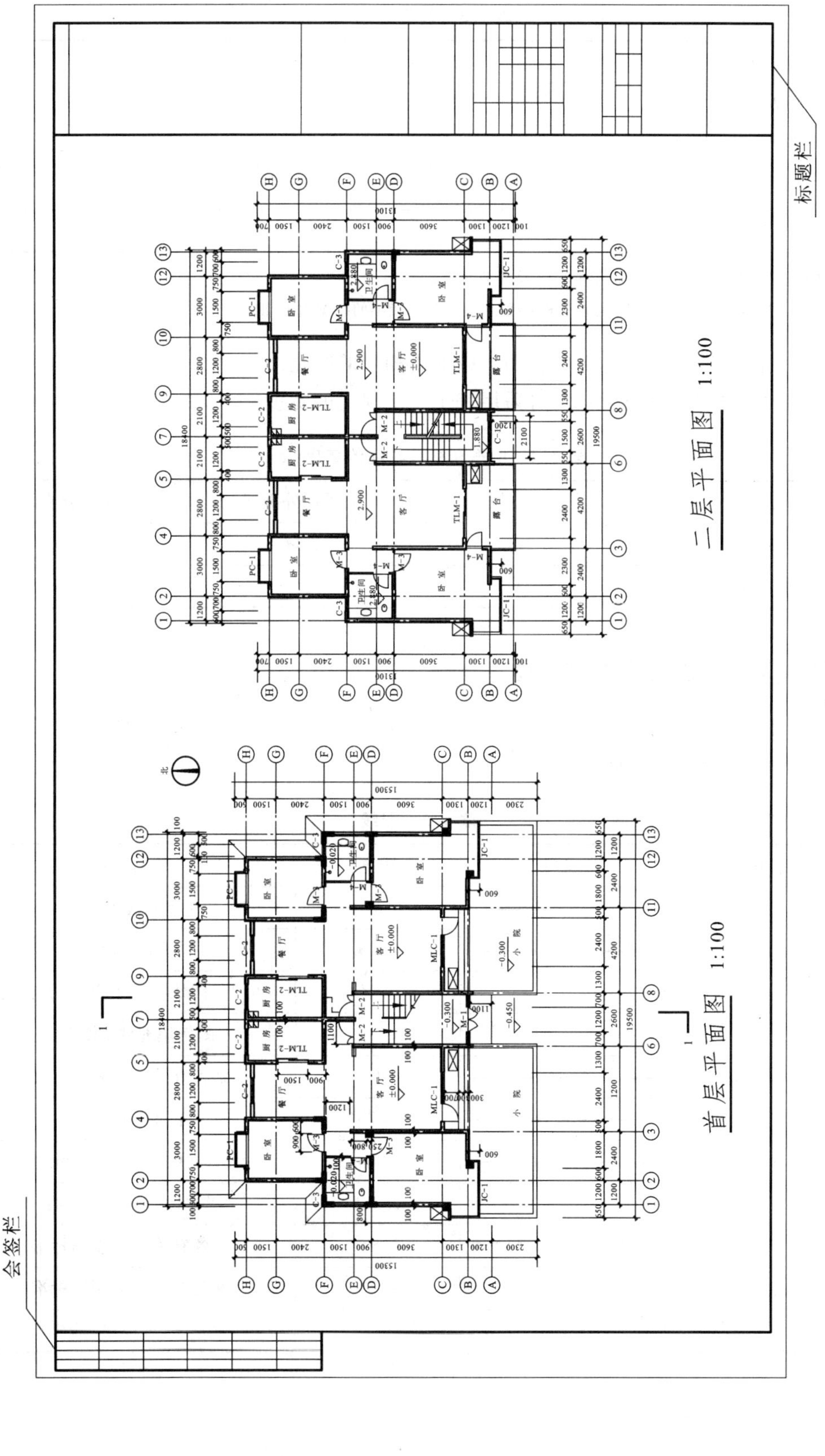

项目1　了解建筑工程施工图

图1.5　标题栏实例

表 1.3 线宽组（mm）

线宽比	线宽组			
b	1.4	1.0	0.7	0.5
$0.7b$	1.0	0.7	0.5	0.35
$0.5b$	0.7	0.5	0.35	0.25
$0.25b$	0.35	0.25	0.18	0.13

注：①需要缩微的图纸，不宜采用 0.18 及更细的线宽。
②同一张图纸内，各不同线宽中的细线，可统一采用较细的线宽组的细线。

同一张图纸内，相同比例的各图样应选用相同的线宽组。
图纸的图框和标题栏线宽，可采用表 1.4 所规定的宽度。

表 1.4 图框和标题栏线的宽度（mm）

幅面代号	图框线	标题栏外框线	标题栏分格线
A0、A1	b	$0.5b$	$0.25b$
A2、A3、A4	b	$0.7b$	$0.35b$

1.4.2 图线的类型和用途

《房屋建筑制图统一标准》(GB/T 50001—2010)中对图线的名称、线型、线宽、用途作了明确的规定，如表 1.5 所示。

表 1.5 图线

名称		线型	线宽	一般用途
实线	粗	———	b	主要可见轮廓线
	中粗	———	$0.7b$	可见轮廓线
	中	———	$0.5b$	可见轮廓线、尺寸线、变更云线
	细	———	$0.25b$	图例填充线、家具线
虚线	粗	- - - -	b	见各有关专业制图标准
	中粗	- - - -	$0.7b$	不可见轮廓线
	中	- - - -	$0.5b$	不可见轮廓线、图例线
	细	- - - -	$0.25b$	图例填充线、家具线
单点长画线	粗	—·—·—	b	见各有关专业制图标准
	中	—·—·—	$0.5b$	见各有关专业制图标准
	细	—·—·—	$0.25b$	中心线、对称线、轴线等

续表1.5

名称		线型	线宽	一般用途
双点长画线	粗		b	见各有关专业制图标准
	中		$0.5b$	见各有关专业制图标准
	细		$0.25b$	假想轮廓线、成型前原始轮廓线
折断线	细		$0.25b$	断开界线
波浪线	细		$0.25b$	断开界线

图1.6所示为一幅建筑平面图(局部),从中可以看出各类线型及应用。

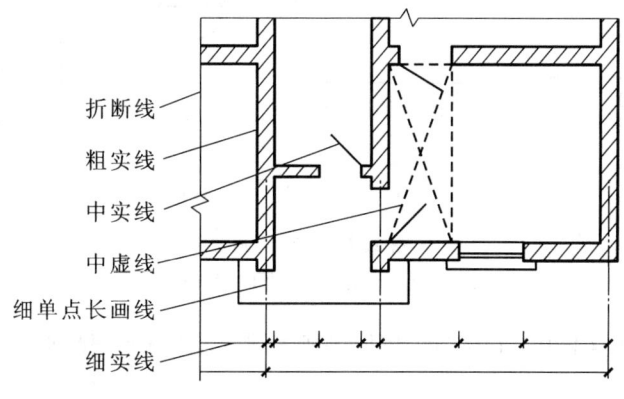

图1.6 建筑施工图中的线型实例

1.4.3 图线的画法

(1)相互平行的图例线,其净间隙或线中间隙不宜小于0.2 mm。

(2)虚线、单点长画线或双点长画线的线段长度和间隔,宜各自相等。

(3)单点长画线或双点长画线,当在较小图形中绘制有困难时,可用实线代替。

(4)单点长画线或双点长画线的两端,不应是点。点画线与点画线交接或点画线与其他图线交接时,应是线段交接。

(5)虚线与虚线交接或虚线与其他图线交接时,应是线段交接。虚线为实线的延长线时,不得与实线连接。

(6)图线不得与文字、数字或符号重叠、混淆,不可避免时,应首先保证文字的清晰。如图1.7所示。

1.5 字 体

在建筑工程图样上,除了用图线画出图形外,还使用不同的字体进行描述。图样上常用的字体有汉字、阿拉伯数字、拉丁字母,有时也会出现罗马数字、希腊字母等。例如:用汉字注写图名、建筑材料;用数字标注尺寸;用数字和字母表示轴线的编号等。

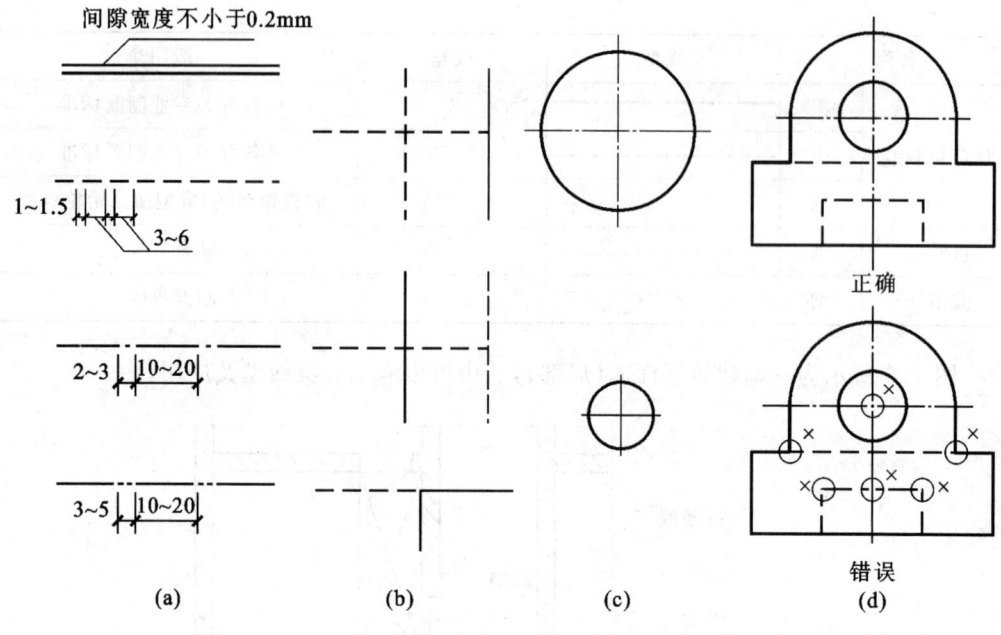

图 1.7 图线的画法
(a)线的画法;(b)交接;(c)圆的中心线画法;(d)举例

在图样和技术文件中,书写的字体应笔画清晰、字体端正、排列整齐、间隔均匀、标点符号清楚正确。

文字的字高应从表 1.6 中选用。字高大于 10 mm 的文字宜采用 True type 字体,当需书写更大的字时,其高度应按 $\sqrt{2}$ 的倍数递增。

表 1.6 文字的字高(mm)

字体种类	中文矢量字体	True type 字体及非中文矢量字体
字高	3.5、5、7、10、14、20	3、4、6、8、10、14、20

1.5.1 汉字

图纸上的汉字宜采用长仿宋体(矢量字体)或黑体,同一图纸字体种类不应超过两种。长仿宋字的高宽关系应符合表 1.7 的规定,黑体字的宽度与高度应相同。大标题、图册封面、地形图等的汉字,也可书写成其他字体,但应易于辨认。

表 1.7 长仿宋字的高宽关系(mm)

字高	20	14	10	7	5	3.5
字宽	14	10	7	5	3.5	2.5

在实际应用中,汉字的字高应不小于 3.5 mm,长仿宋体字的示例见图 1.8。

图1.8　长仿宋体字示例

长仿宋体字的书写要领是：横平竖直，注意起落，结构匀称，填满方格。

横平竖直，横笔基本要平，可顺运笔方向稍许向上倾斜2°～5°。

注意起落，横、竖的起笔和收笔，撇、钩的起笔，钩折的转角等，都要顿一下笔，形成小三角和出现字肩。几种基本笔画的写法如表1.8所示。

表1.8　仿宋体字基本笔画的写法

名称	横	竖	撇	捺	挑	点	钩
形状	一	丨	丿	丶	✓	丶丶	亅
笔法	一	丨	丿	丶	✓	丶丶	亅

结构匀称，笔画布局要均匀，字体构架要中正疏朗、疏密有致，如图1.9所示。

图1.9　长仿宋体字的布局

1.5.2　数字和字母

图样及说明中的拉丁字母、阿拉伯数字与罗马数字，宜采用单线简体或ROMAN字体。拉丁字母、阿拉伯数字与罗马数字的书写规则，应符合表1.9的规定。

表1.9　拉丁字母、阿拉伯数字与罗马数字的书写规则

书写格式	字体	窄字体
大写字母高度	h	h
小写字母高度（上下均无延伸）	$7/10h$	$10/14h$
小写字母伸出的头部或尾部	$3/10h$	$4/14h$
笔画宽度	$1/10h$	$1/14h$
字母间距	$2/10h$	$2/14h$
上下行基准线的最小间距	$15/10h$	$21/14h$
词间距	$6/10h$	$6/14h$

(1) 字母、阿拉伯数字与罗马数字,当需写成斜体字时,其斜度应是从字的底线逆时针向上倾斜 75°。斜体字的高度和宽度应与相应的直体字相等。

(2) 拉丁字母、阿拉伯数字与罗马数字的字高,不应小于 2.5 mm。

(3) 数量的数值注写,应采用正体阿拉伯数字。各种计量单位凡前面有量值的,均应采用国家颁布的单位符号注写。单位符号应采用正体字母。

(4) 分数、百分数和比例数的注写,应采用阿拉伯数字和数学符号。

(5) 当注写的数字小于 1 时,应写出各位的"0",小数点应采用圆点,齐基准线书写。

(6) 长仿宋汉字、拉丁字母、阿拉伯数字与罗马数字示例应符合国家现行标准《技术制图——字体》(GB/T 14691)的有关规定。

1.6 比 例

当工程形体与图幅尺寸相差太大时,需要按比例缩小或放大绘制在图纸上。图样的比例是图形与实物相对应的线性尺寸之比。

(1) 比例的符号应为":",比例应以阿拉伯数字表示。

(2) 比例宜注写在图名的右侧,字的基准线应取平;比例的字高宜比图名的字高小一号或两号,如图 1.10 所示。

<u>平面图</u>　1:100　　⑥　1:20

图 1.10 比例的注写

(3) 绘图时所用的比例,应根据图样的用途与被绘对象的复杂程度,从表 1.10 中选用,并应优先选用表中的常用比例。

表 1.10 绘图选用的比例

常用比例	1:1, 1:2, 1:5, 1:10, 1:20, 1:30, 1:50, 1:100, 1:150, 1:200, 1:500, 1:1000, 1:2000
可用比例	1:3, 1:4, 1:6, 1:15, 1:25, 1:40, 1:60, 1:80, 1:250, 1:300, 1:400, 1:600, 1:5000, 1:10000, 1:20000, 1:50000, 1:100000, 1:200000

一般情况下,一个图样应选用一种比例。根据专业制图的需要,同一图样可选用两种比例。特殊情况下也可自选比例,这时除应注出绘图比例外,还必须在适当位置绘制出相应的比例尺。

图 1.11 所示为用不同比例绘制的门立面图。

1.7 尺 寸 标 注

尺寸是构成图样的一个重要组成部分,是建筑施工的重要依据,因此尺寸标注要准

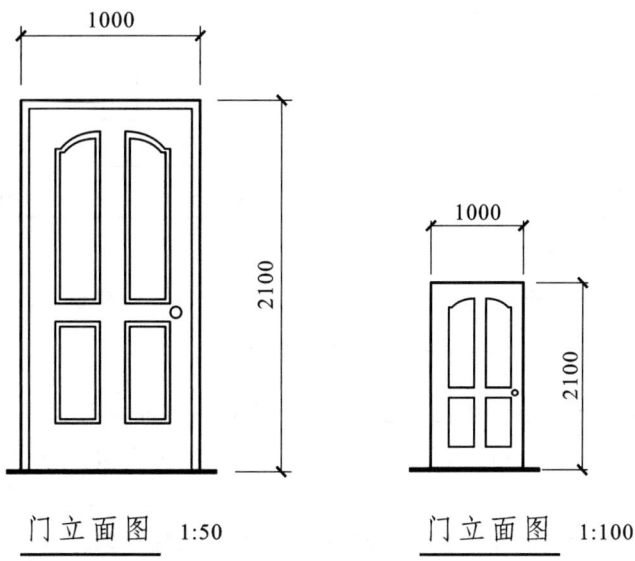

图 1.11 比例标注实例

确、完整、清晰。图样上的尺寸由尺寸线、尺寸界线、尺寸起止符号和尺寸数字四部分组成,如图 1.12 所示。

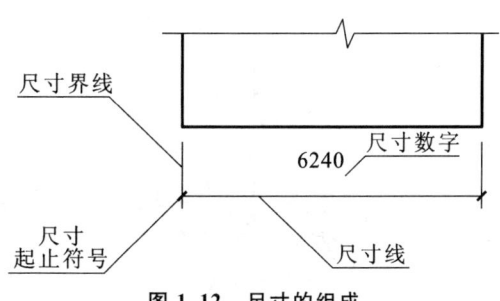

图 1.12 尺寸的组成

尺寸标注的注意事项:

(1)尺寸界线应用细实线绘制,一般与被注长度垂直,其一端离开图样轮廓线不应小于 2 mm,另一端宜超出尺寸线 2~3 mm。图样轮廓线可用作尺寸界线。如图 1.13 所示。

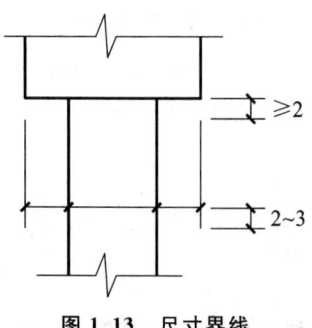

图 1.13 尺寸界线

(2)尺寸线应用细实线绘制,应与被注长度平行。图样本身的任何图线均不得用作尺寸线,如图 1.14 所示。

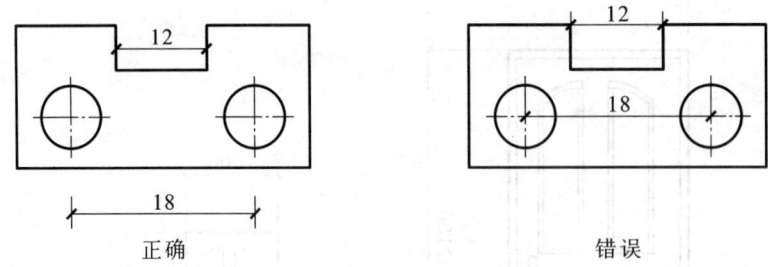

图 1.14 尺寸标注示例

（3）尺寸起止符号一般为中粗斜短线绘制,其倾斜方向应与尺寸界线成顺时针 45°角,长度宜为 2~3 mm。半径、直径、角度与弧长的尺寸起止符号宜用箭头表示,如图 1.15 所示。

（4）图样上的尺寸应以尺寸数字为准,不得从图上直接量取。

（5）图样上的尺寸单位,除了标高及总平面以米（m）为单位外,其他必须以毫米（mm）为单位。

（6）尺寸数字的方向,应按图 1.16(a)的规定注写。若尺寸数字在 30°斜线区内,也可按图 1.16(b)的形式注写。

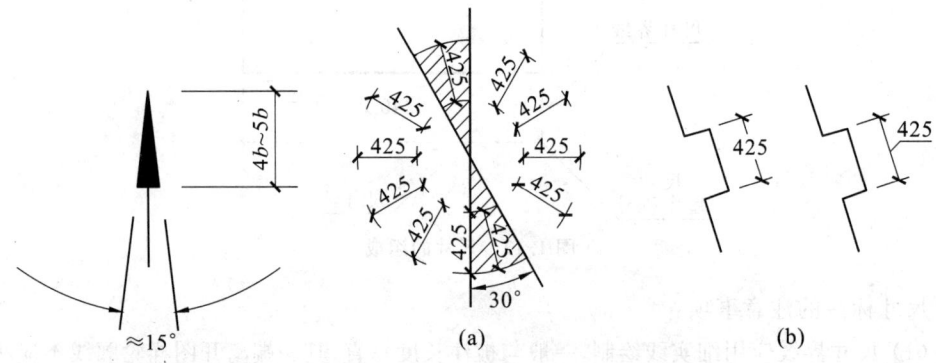

图 1.15 箭头尺寸起止符号　　　　图 1.16 尺寸数字的注写方向

（7）尺寸数字一般应依据其方向注写在靠近尺寸线的上方中部。如果没有足够的注写位置,最外边的尺寸数字可注写在尺寸界线的外侧,中间相邻的尺寸数字可上下错开注写,引出线端部用圆点表示标注尺寸的位置。如图 1.17 所示。

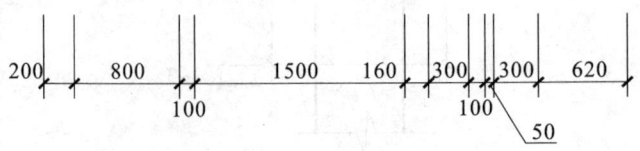

图 1.17 尺寸数字的注写位置

1.8 施工图中常见平面图形的尺寸标注

1.8.1 尺寸的排列与布置

尺寸宜标注在图样轮廓以外,不宜与图线、文字及符号等相交(断开相应图线),如图 1.18 所示。

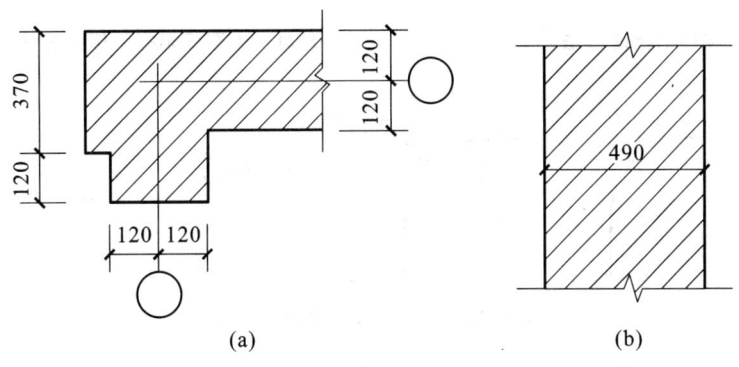

图 1.18 尺寸数字的注写

相互平行的尺寸线应从被注写的图样轮廓线由近向远,小尺寸在内,大尺寸靠外整齐排列,如图 1.19 所示。

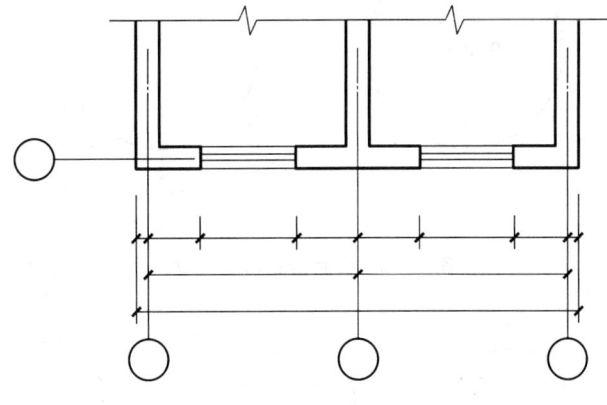

图 1.19 尺寸的排列

图样轮廓以外的尺寸界线距图样最外轮廓线之间的距离不宜小于 10 mm,平行排列的尺寸线的间距宜为 7~10 mm,全图一致。总尺寸的尺寸界线应靠近所指部位,中间的尺寸界线可稍短,但其长度要相等。

1.8.2 半径、直径和球的尺寸标注

半径的尺寸线应一端从圆心开始,另一端画箭头指向圆弧。半径数字前加注半径符号"R",如图 1.20 所示。较大圆弧的半径可按图 1.21 的形式标注,较小圆弧的半径可按

图 1.22 的形式标注。

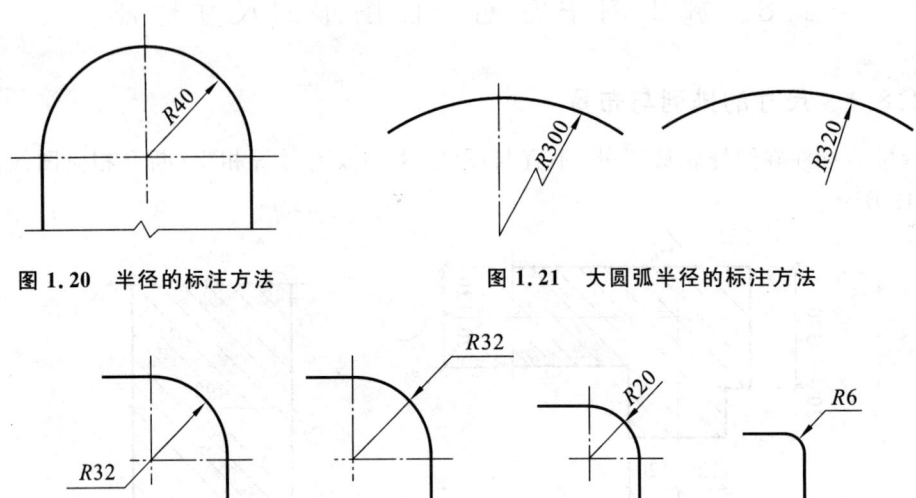

图 1.20　半径的标注方法　　　　　图 1.21　大圆弧半径的标注方法

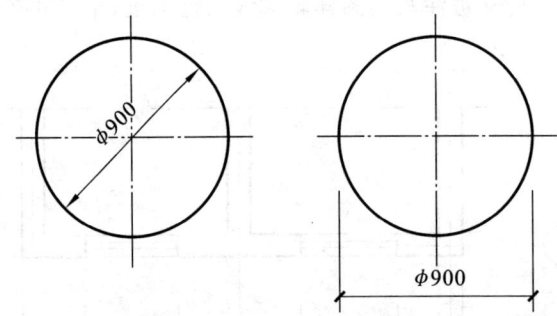

图 1.22　小圆弧半径的标注方法

圆的直径尺寸前标注直径符号"ϕ",圆内标注的尺寸线应通过圆心,两端画箭头指至圆弧,如图 1.23 所示。较小的圆的直径尺寸,可以标注在圆外,如图 1.24 所示。

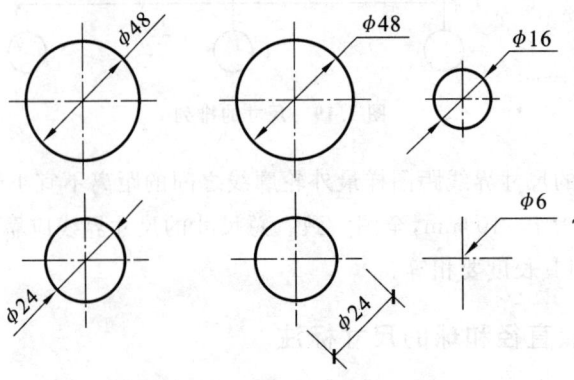

图 1.23　圆直径的标注方法

图 1.24　小圆直径的标注方法

标注球的半径、直径时,应在尺寸前加注符号"S",即"SR"、"Sϕ",注写方法同圆弧半径和圆直径,如图1.25所示。

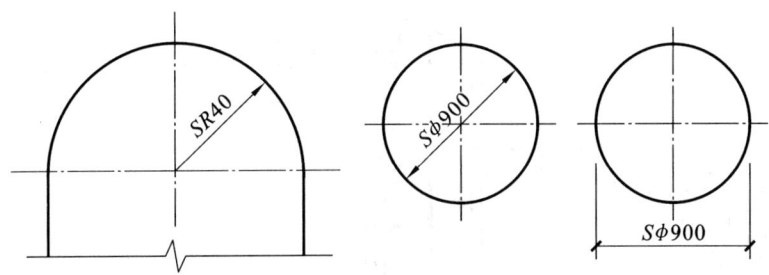

图 1.25 球的半径、直径的标注方法

1.8.3 角度、圆弧和坡度的尺寸标注

角度的尺寸线应以圆弧表示。此圆弧的圆心应是该角的顶点,角的两条边为尺寸界线。起止符号用箭头,若没有足够位置画箭头,可用圆点代替。角度数字应按水平方向注写,如图1.26所示。

标注圆弧的弧长时,尺寸线应以与该圆弧同心的圆弧线表示,起止符号用箭头表示,弧长数字上方应加注圆弧符号"⌒",如图1.27所示。

标注圆弧的弦长时,尺寸线应以平行于该弦的直线表示,尺寸界线应垂直于该弦,起止符号用中粗斜短线表示。如图1.28所示。

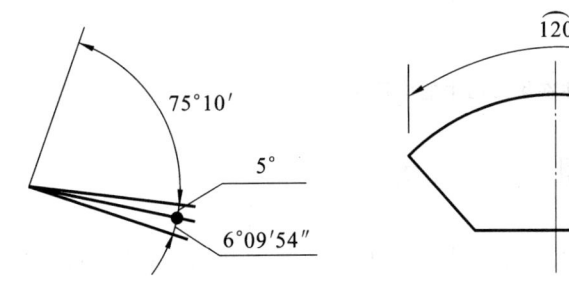 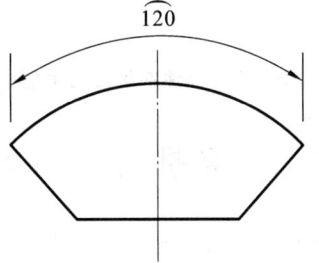 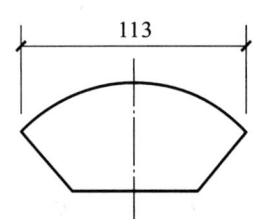

图 1.26 角度标注方法　　**图 1.27 弧长标注方法**　　**图 1.28 弦长标注方法**

标注坡度时,应加注坡度符号,该符号为单面箭头,箭头应指向下坡方向,如图1.29(a)、(b)所示。坡度也可以用直角三角形形式标注,如图1.29(c)所示。

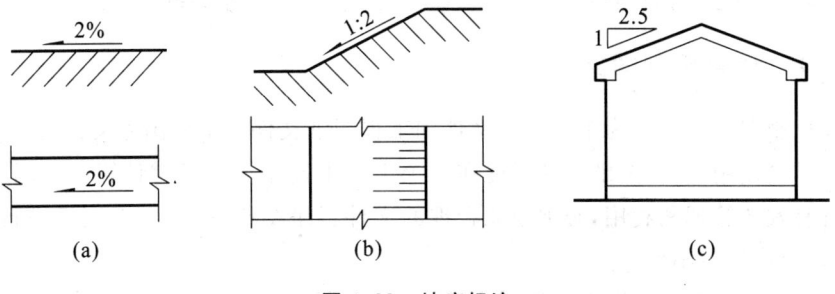

图 1.29 坡度标注

图1.30所示为尺寸标注在施工图中的应用实例。

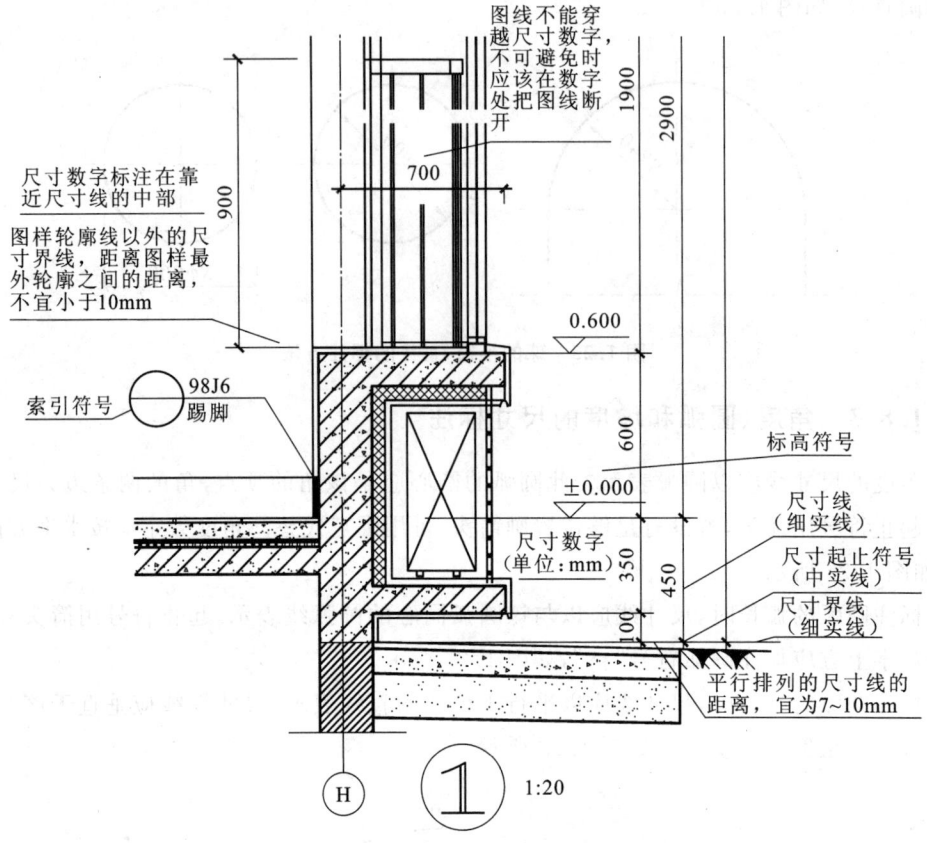

图1.30 尺寸标注在施工图中的应用实例

1.9 计算机制图基本知识

20世纪70年代以来,计算机图形学、计算机辅助设计(CAD)、计算机绘图在我国得到迅猛发展,除了国外一批先进的图形、图像软件如AutoCAD等得到广泛使用外,我国自主开发的一批国产绘图软件,如天正建筑CAD等也在设计、教学、科研、生产单位得到广泛使用。为适应新形势的需要,《房屋建筑制图统一标准》(GB/T 50001—2010)在2001版的基础上,增加了计算机制图文件、计算机制图图层、计算机制图规则等相关技术内容。

1.9.1 计算机制图文件

计算机制图文件可分为工程图库文件和工程图纸文件。工程图库文件可在一个以上的工程中重复使用;工程图纸文件只能在一个工程中使用。为了对计算机制图文件及文件夹进行有效的管理和利用,必须建立合理的文件目录结构,按规定对图纸进行编号、命名,并自始至终保持不变。

协同设计的计算机制图文件组织应符合下列规定:

(1) 采用协同设计方式,应根据工程的性质、规模、复杂程度和专业需要,合理、有序地组织计算机制图文件,并据此确定设计团队成员的任务分工;

(2) 采用协同设计方式组织计算机制图文件,应以减少或避免设计内容的重复创建和编辑为原则,条件许可时,宜使用计算机制图文件参照方式;

(3) 为满足专业之间协同设计的需要,可将计算机制图文件划分为各专业共用的公共图纸文件、向其他专业提供的资料文件和仅供本专业使用的图纸文件;

(4) 为满足专业内部协同设计的需要,可将本专业的一个计算机制图文件分解为若干零件图文件,并建立零件图文件与组装图文件之间的联系。

1.9.2 计算机制图图层

图层命名应符合下列规定:

(1) 图层可根据不同的用途、设计阶段、属性和使用对象等进行组织,但在工程上应具有明确的逻辑关系,便于识别、记忆、软件操作和检索;

(2) 图层名称可使用汉字、拉丁字母、数字和连字符"-"的组合,但汉字与拉丁字母不得混用;

(3) 在同一工程中,应使用统一的图层命名格式,图层名称应自始至终保持不变,且不得同时使用中文和英文的命名格式。

1.9.3 计算机制图规则

(1) 计算机制图的方向与指北针应符合下列规定:

① 平面图与总平面图的方向宜保持一致;

② 绘制正交平面图时,宜使定位轴线与图框边线平行(图1.31);

③ 绘制由几个局部正交区域组成且各区域相互斜交的平面图时,可选择其中任意一个正交区域的定位轴线与图框边线平行(图1.32);

④ 指北针应指向绘图区的顶部(图1.31),并在整套图纸中保持一致。

知识链接

AutoCAD 的坐标系有世界坐标系(WCS)和用户坐标系(UCS)两种。其中世界坐标系(WCS)是 AutoCAD 默认的坐标系,由三个互相垂直并相交的坐标轴 X、Y、Z 组成。默认情况下,X 轴正向为屏幕水平向右,Y 轴正向为垂直向上,Z 轴正向为垂直屏幕平面指向使用者。坐标原点在屏幕左下角。世界坐标系(WCS)主要在绘制二维图形时使用,不可更改,但可以从任意角度、任意方向来观察或旋转。

在三维图形中,AutoCAD 允许建立自己的坐标系(即用户坐标系)。用户坐标系的原点可以放在任意位置上,坐标系也可以倾斜任意角度。由于绝大多数二维绘图命令只在 XY 或与 XY 平行的面内有效,在绘制三维图形时,经常要建立和改变用户坐标系来绘制不同基本面上的平面图形。

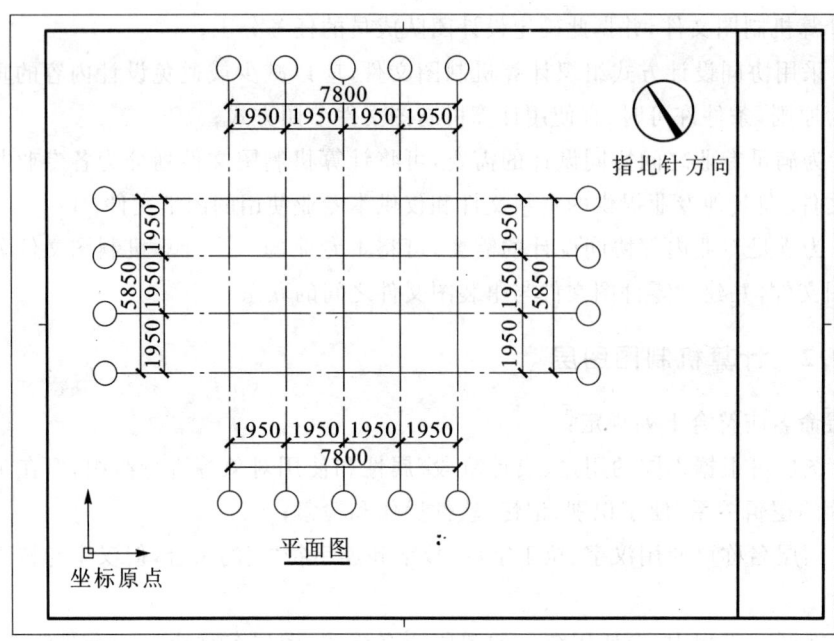

图1.31 正交平面图方向与指北针方向示意

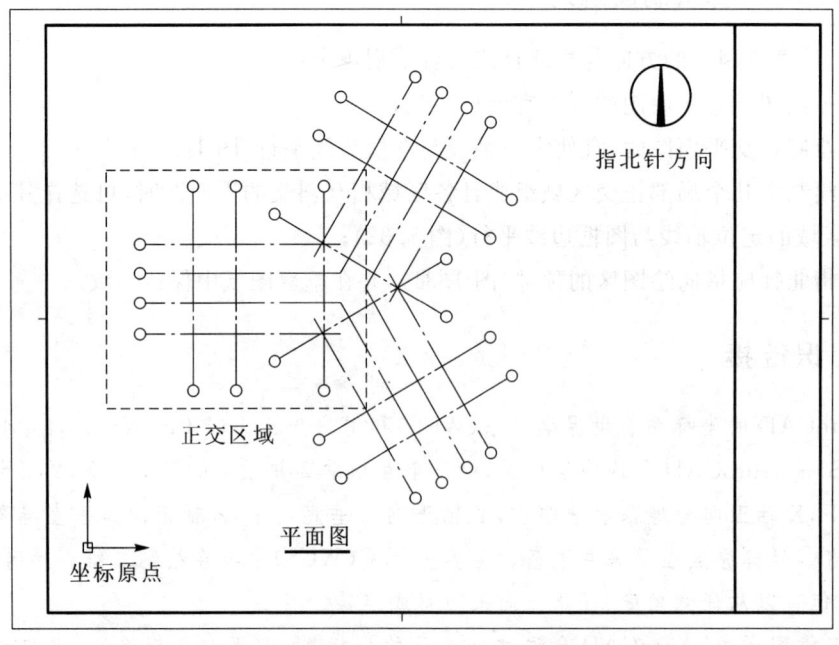

图1.32 正交区域相互斜交的平面图方向与指北针方向示意

(2) 计算机制图的坐标系与原点应符合下列规定：

① 计算机制图时,可以选择世界坐标系或用户定义坐标系;

② 绘制总平面图工程中有特殊要求的图样时，也可使用大地坐标系；

③ 坐标原点的选择，应使绘制的图样位于横向坐标轴的上方和纵向坐标轴的右侧并紧邻坐标原点；

④ 在同一工程中，各专业宜采用相同的坐标系与坐标原点。

(3) 计算机制图的布局应符合下列规定：

① 计算机制图时，宜按照自下而上、自左至右的顺序排列图样；宜优先布置主要图样（如平面图、立面图、剖面图），再布置次要图样（如大样图、详图）。

② 表格、图纸说明宜布置在绘图区的右侧。

(4) 计算机制图的比例应符合下列规定：

① 计算机制图时，采用1∶1的比例绘制图样时，应按照图中标注的比例打印成图；采用图中标注的比例绘制图样，则应按照1∶1的比例打印成图。

② 计算机制图时，可采用适当的比例书写图样及说明中文字，但打印成图时应符合《房屋建筑制图统一标准》(GB/T 50001—2010)关于字体的规定。

表1.11为常用工程图纸编号与计算机制图文件名称举例。

表1.11 常用工程图纸编号与计算机制图文件名称举例

(a)常用专业代码列表

专业	专业代码名称	英文专业代码名称	备注
总图	总	G	含总图、景观、测量/地图、土建
建筑	建	A	含建筑、室内设计
结构	结	S	含结构
给水排水	水	P	含给水、排水、管道、消防
暖通空调	暖	M	含采暖、通风、空调、机械
电气	电	E	含电气(强电)、通信(弱电)、消防

(b)常用阶段代码列表

设计阶段	阶段代码名称	英文阶段代码名称	备注
可行性研究	可	S	含预可行性研究阶段
方案设计	方	C	
初步设计	初	P	含扩大初步设计阶段
施工图设计	施	W	

续表 1.11

(c)常用类型代码列表

工程图纸文件类型	类型代码名称	英文类型代码名称
图纸目录	目录	CL
设计总说明	说明	NT
楼层平面图	平面	FP
场区平面图	场区	SP
拆除平面图	拆除	DP
设备平面图	设备	QP
现有平面图	现有	XP
立面图	立面	EL
剖面图	剖面	SC
大样图(大比例视图)	大样	LS
详图	详图	DT
三维视图	三维	3D
清单	清单	SH
简图	简图	DG

小　　结

通过工程图实例,介绍了建筑工程施工图的用途,以及国家制图标准中关于图幅、图线、字体、比例、尺寸标注、计算机绘图等相关规定。同时通过对制图基本标准的学习,练习绘制简单的建筑图样。这既是本课程学习的基础,也是绘制工程图时首先应掌握的内容。学习时应特别注意图纸幅面及规格、线型线宽的选用、比例的选用、尺寸标注的规定等,熟悉国家制图标准的相关规定,并严格按国家制图标准的规定读图绘图。

复习思考题

1. 《房屋建筑制图统一标准》规定了哪些内容?
2. 图纸幅面有哪几种规格?它们之间有什么样的关系?
3. 长仿宋字的书写要领是什么?
4. 什么叫比例?
5. 尺寸标注由哪四部分组成?标注尺寸应注意哪些问题?
6. 《房屋建筑制图统一标准》(GB/T 50001—2010)在计算机制图方面增加了哪些技术内容?

项目2 绘制简单施工图

教学目标

1. 识读简单建筑施工图，了解施工图常用符号和图例；
2. 了解常用制图仪器与用品的使用方法；
3. 掌握施工图常见图形的画法；
4. 掌握简单施工图绘图步骤和方法。

情境导入

常用建筑术语

开间：住宅设计中，住宅的宽度是指一间房屋内一面墙的定位轴线到另一面墙的定位轴线之间的实际距离。因为是就一自然间的宽度而言，故又称开间。住宅的开间在住宅设计上有严格的规定。根据《住宅建筑模数协调标准》(GB/T 50100—2001)规定，住宅建筑的开间常采用下列参数：2.1 m、2.4 m、2.7 m、3.0 m、3.3 m、3.6 m、3.9 m、4.2 m。规定较小的开间尺度，可缩短楼板的空间跨度，增强住宅结构整体性、稳定性和抗震性。

进深：指一间独立的房屋或一幢居住建筑从前墙壁到后墙壁之间的实际长度。进深大的房屋可以有效地节约用地，但为了保证建成的建筑物有良好的自然采光和通风条件，进深在设计上有一定的要求，不宜过大。目前我国大量城镇住宅居间的进深一般要限定在5 m左右，不能任意扩大。根据《住宅建筑模数协调标准》(GB/T 50100—2001)的规定，砖混结构住宅建筑的进深常用参数：3.0 m、3.3 m、3.6 m、3.9 m、4.2 m、4.5 m、4.8 m、5.1 m、5.4 m、5.7 m、6.0 m。

2.1 识读简单施工图

施工图是建筑工程施工的必要依据，是设计人员根据国家制图标准绘制的反映拟建建筑外形外貌、内部分区、构造做法和结构形式等内容的图样。那么，工程人员应该如何识读和绘制工程图呢？

2.1.1 概述

建筑物按使用功能可以分为工业建筑、农业建筑和民用建筑。工业建筑有各类工业厂房、仓库等。农业建筑有农机站、谷物仓等。民用建筑又可分为居住建筑和公共建筑。本项目以居住建筑为例介绍施工图的内容和绘制方法。

施工图根据专业分工不同可分为建筑施工图、结构施工图、设备施工图和装饰施工图。建筑施工图包括施工总说明、门窗表、建筑总平面图、建筑平面图、建筑立面图、建筑剖面图和建筑详图。

2.1.2 施工图的识读

图 2.1 所示为一单层住宅。图 2.2 为该住宅的建筑平面图、立面图和剖面图。平面图主要表达该住宅的平面形状、房间布置、门窗洞口、台阶、雨篷等水平构件的位置关系和尺寸大小。立面图表达的是建筑外观、门窗洞口的竖向高度和尺寸。剖面图表达的是房间内部垂直方向各构件的位置和尺寸。

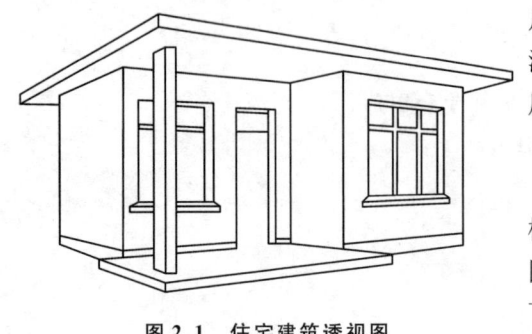

图 2.1 住宅建筑透视图

识读施工图的步骤：

(1) 识读图名和比例。在每幅建筑图样下方都会有图名和比例,如图 2.2 所示。图名字体为长仿宋字,字号为 3.5。在图名下方画一条粗实线,右侧是比例。比例字号比图名小一号或两号,比例下不加粗实线。

(2) 识读平面布置。如图 2.2(a)所示,首先识读轴线及编号。轴线的识读是从左到右,从下到上。纵轴编号为①～③,每两条相邻轴线间距称为开间。横轴编号依次为Ⓐ～Ⓒ,相邻横轴间距称为进深。其次识读平面布置,此建筑共有两个房间,左侧入户门处有门廊,每个房间南北墙上各有一个窗户,图中编号为 C。入户门编号 M1,室内门编号 M2。平面图中标有剖切符号,表示剖切的位置和剖视方向。再次识读尺寸,识读尺寸依次从小到大,由内到外。先读各细部尺寸,其次读定位尺寸,最后识读总尺寸。

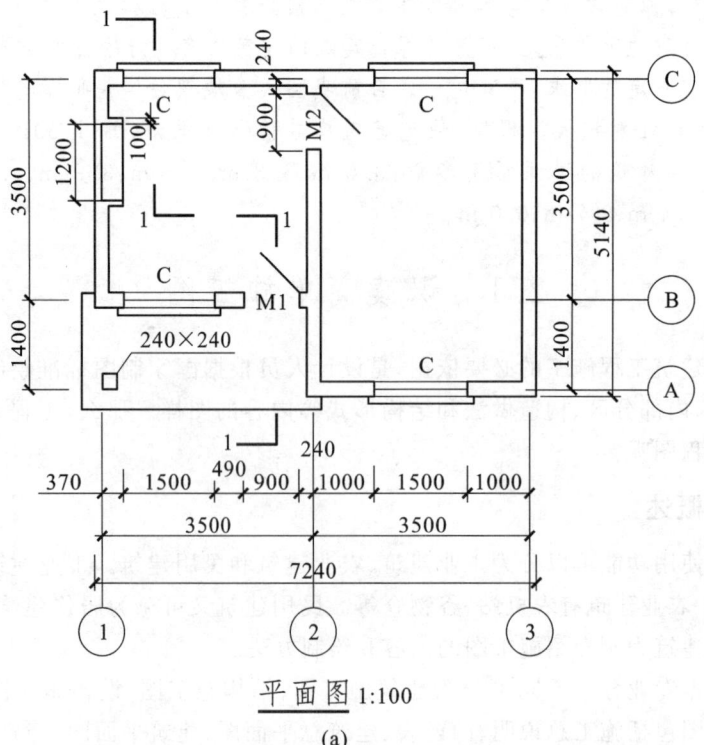

平面图 1:100

(a)

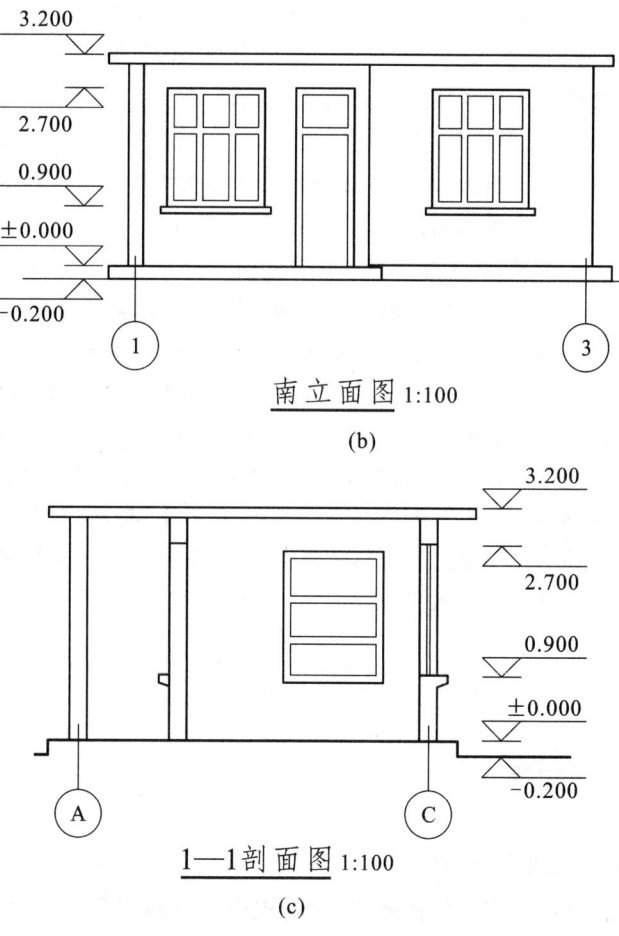

图 2.2
(a)住宅建筑平面图；(b)住宅建筑立面图；(c)住宅建筑剖面图

(3)识读立面图。图 2.2(b)所示为建筑的南立面,在立面图中主要反映建筑标高,标高数字单位为米。建筑标高的符号为细实线绘制的带引出线的等腰直角三角形。如图 2.2(b)所示,室外地坪为-0.2 m,窗台下沿标高 0.9 m,窗高 1.8 m,屋顶标高 3.2 m。完整的图纸还包含北立面,复杂建筑还有东、西立面。

(4)识读剖面图。图 2.2(c)所示为建筑的剖面图。从剖面图中可以看到剖切位置处门窗洞口的高度。识读平、立、剖面图时应相互对应,相互结合。

【课堂实训 1】 识读一张简单建筑施工图。

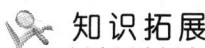 知识拓展

工程制图的发展史

考古发现,早在公元前 2600 年就出现了可以成为工程图样的图,那是一幅刻在泥板上的神庙地图。公元 1500 年,出现了将平面图和其他多面图画在同一幅画面上的设计图。

1795年，法国著名科学家加斯帕·蒙日将各种表达方法归纳，发表了《画法几何》著作。

我国在2000年前就有了正投影法表达的工程图样，1977年冬出土的战国中山王墓，发现了在青铜板上用金银线条和文字制成的建筑平面图，这也是世界上罕见的最早的工程图样。该图用1∶500的正投影绘制并标注有尺寸。公元1100年宋代李诫所著的《营造法式》中有各种方法画出的约570幅图，是当时的一部关于建筑制图的国家标准、施工规范和培训教材。此外，宋代《新仪象法要》、元代《农书》、明代《天工开物》等书中都有大量制造仪器、设备的插图。清代和民国时期，我国在工程制图方面有了一定的发展。

新中国成立后，工程制图学科得到飞快发展，画法几何、射影几何、透视投影等理论的研究得到进一步深入。同时，由国家相关职能部门批准颁布了一系列制图标准，如技术制图标准、机械制图标准、建筑制图标准、道路工程制图标准、水利水电工程制图标准等。

20世纪70年代，计算机图形学、计算机辅助设计（CAD）、计算机绘图在我国得到迅猛发展，除了国外一批先进的图形、图像软件如AutoCAD等得到广泛使用外，我国自主开发的一批国产绘图软件，如天正建筑CAD等也在设计、教学、科研生产单位得到广泛使用。随着我国现代化建设的迫切需要，计算机技术将进一步与工程制图结合，计算机绘图和智能CAD将进一步得到深入发展。

2.2 制图工具与用品

2.2.1 图纸和图板

1. 图纸

图纸分为绘图纸和描图纸两种。

绘图纸要求纸面洁白，质地紧密强韧，用橡皮擦拭不易起毛，画墨线时不洇透，图纸幅面应符合国家标准。绘图纸不能卷曲、折叠和压皱。

描图纸又称硫酸纸，要求洁白，透明度高，带柔性。描图纸应在干燥通风处保存，不能受潮。

2. 图板

图板是用来铺放和固定图纸的工具，它的两面由胶合板组成，四周镶有硬木条。绘图板的板面要平整，四边要平直光滑。为防止图板翘曲变形，图板应防止受潮和暴晒。板面不能放重物，不能用刀具随意刻划，贴图纸时宜用透明胶带，不宜用图钉。

2.2.2 丁字尺和三角板

1. 丁字尺

丁字尺是由相互垂直的尺头和尺身组成。尺头是与图板配合使用的；尺身的上边带刻度，是画水平线时用的。目前使用的丁字尺大多是用有机玻璃制成的，如图2.3所示。

丁字尺和图板配合使用画水平线。画图时，丁字尺尺头的工作边紧靠图板的左边（即工作边）上下滑动，可画出一组高度不同相互平行的水平线，如图2.3所示。

特别应注意保护丁字尺的工作边，保证其平整光滑，不能用小刀靠住尺身切割纸张。不用时应将丁字尺装在尺套内悬挂起来，防止压弯变形。

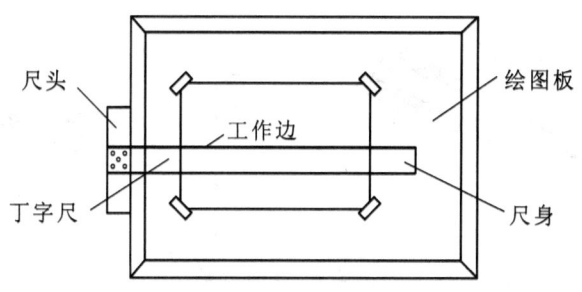

图 2.3 绘图板与丁字尺

2. 三角板

三角板是绘图的主要画线工具。一副三角板有两块,一块是 45°等腰直角三角形,另一块是两锐角分别为 30°和 60°的直角三角形。通常在三角板的两个直角边带有刻度。三角板的大小规格较多,绘图时应灵活选用。一般宜选用板面略厚,两直角边有斜坡的三角板。

三角板应保持各边平直、光滑,角度精准,避免碰摔。

两块三角板组合或是三角板与丁字尺组合使用,可画垂直线及与丁字尺工作边成 15°、30°、45°、60°、75°等各种斜线,如图 2.4 所示。同时,三角板组合或三角板与丁字尺组合还能画各种角度的平行线。

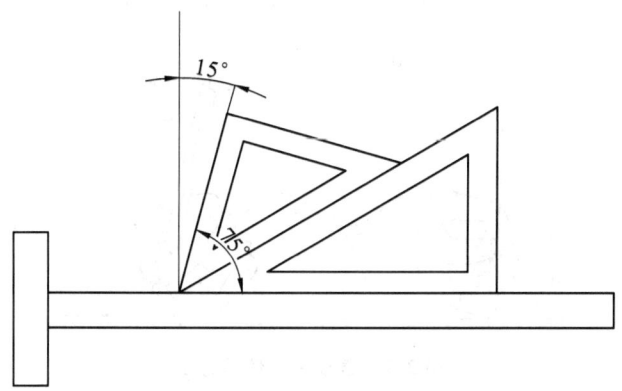

图 2.4 三角板

2.2.3 绘图笔

绘图笔有绘图铅笔、直线笔、绘图小钢笔、绘图墨水笔等。

1. 绘图铅笔

根据铅芯的软硬程度将绘图铅笔分成"H"、"HB"和"B"三类。"H"表示硬,"HB"表示软硬适中,"B"表示软。在"H"和"B"前加上数字,如"3H"和"2B"。"H"前数字越大表示铅芯越硬,"B"前数字越大表示铅芯越软。铅芯硬画出的线颜色淡,适合打底稿;铅芯软画出的线颜色深,适合加深图线和绘制粗线。

铅笔应从没有软硬标志的一头开始使用,以便保留标记辨认软硬。笔头应削成圆锥形,削去 30 mm 左右,铅芯露出 6~8 mm。笔尖有肩头和鸭嘴头两种形式。如图 2.5 所示。

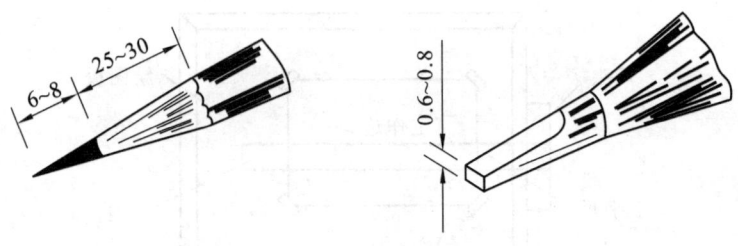

图 2.5　绘图铅笔

2. 直线笔

直线笔的笔尖形状似鸭嘴,又称鸭嘴笔,是画墨线的工具。笔尖由两块钢叶片组成,可用螺钉任意调整间距,确定墨线粗细,如图 2.6 所示。往直线笔中注墨时,应用绘图小钢笔或注墨管小心地将墨水加入两块钢叶片的中间,注墨的高度为 4~6 mm。

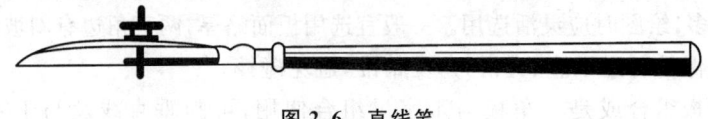

图 2.6　直线笔

画线时,直线笔应位于铅垂面内,即笔杆的前后方向与纸张保持 90°,使两叶片同时接触图纸,并使直线笔往前进方向倾斜 5°~20°。画线时速度要均匀,落笔时用力不宜过重。如图 2.7 所示。

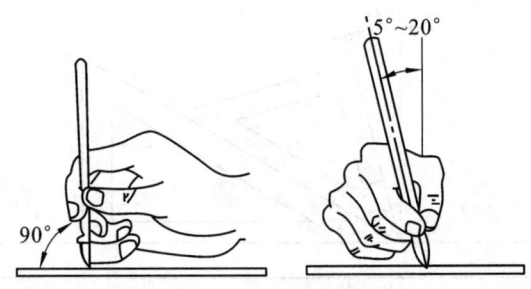

图 2.7　直线笔的使用方法

3. 绘图小钢笔

绘图小钢笔由笔杆、笔尖两部分组成,如图 2.8 所示,是用来写字、修改图线的,也可用来为直线笔注墨。使用时沾墨要适量,笔尖要经常保持清洁干净。

图 2.8　绘图小钢笔

4. 绘图墨水笔

绘图墨水笔又称针管笔,是专门用来绘制墨线的工具。笔尖是一根细针管,其余部分的构造与普通钢笔基本相同,如图 2.9 所示。笔尖的直径有 0.18 mm、0.25 mm、0.35 mm、0.5 mm、0.7 mm、0.9 mm 等多种规格,供绘制图线时选用。使用时如发现流水不畅,可将笔上下梭动,当听到管内有撞击声时,表明管心已通,即可继续使用。使用绘图笔与使用直线笔一样,笔身前后方向与图纸要垂直,让笔头针管管口边缘都接触纸面。

图 2.9　绘图墨水笔

2.2.4　圆规和分规

1. 圆规

圆规是画圆和圆弧的工具。通常圆规为组合式,一条腿上安装针脚,另一条腿可装上铅芯、钢针、直线笔三种插脚,如图 2.10 所示。圆规在使用前应先调整针脚,使针尖稍长于铅笔芯或直线笔的笔尖,取好半径,对准圆心,并使圆规略向旋转方向倾斜,按顺时针方向从右下角开始画圆。画圆或圆弧都应一次完成。

2. 分规

将圆规的两个脚都安上钢针就是分规。分规是用来量取线段、截取线段和等分线段的工具,如图 2.11 所示。使用时,要先检查分规两腿的针尖靠拢后是否高低一致,若不一致应放松螺钉调整。

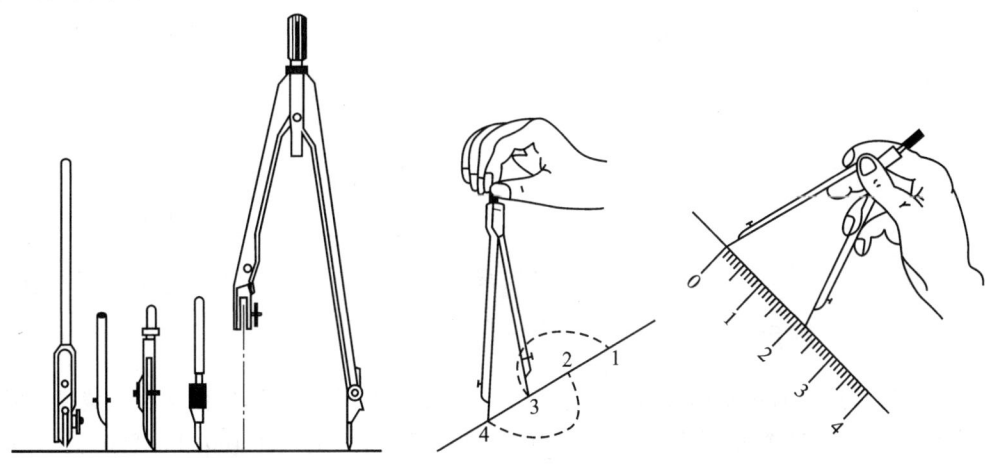

图 2.10　圆规组合　　　　图 2.11　分规及分规的使用方法

2.2.5　曲线板和建筑模板

1. 曲线板

曲线板是画非圆曲线的专用工具之一。有复式曲线板和单式曲线板两种。复式曲线板用来画简单曲线,如图 2.12 所示;单式曲线板用来画复杂的曲线,每套有多块,每块都由一些曲率不同的曲线组成。使用曲线板时,应根据曲线的弯曲趋势,从曲线板上选取与所画曲线相吻合的一段描绘。吻合的点越多,所得曲线也就越光滑。每描绘一段应不少于吻合四个点。描绘每段曲线时至少应包含前一段曲线的最后两个点(即与前段曲线重复一小段),而在本段后面至少留两个点给下一段描绘(即与后段曲线重复一小段),这样才能保证连接光滑流畅。

图 2.12　复式曲线板

2. 建筑模板

建筑模板上刻有多种方形孔、圆形孔、建筑图例、轴线号、详图索引号等,如图 2.13 所示,可用来直接绘出模板上的各种图样和符号。

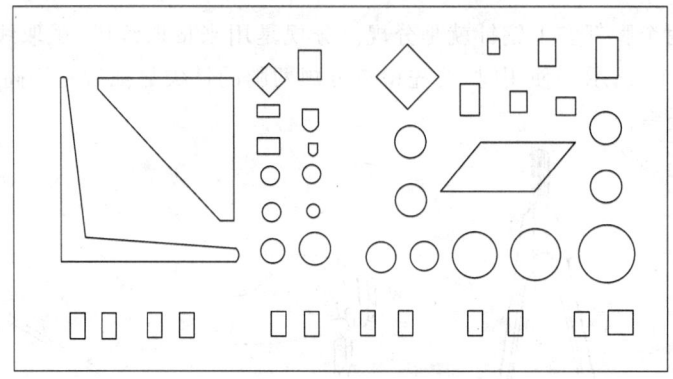

图 2.13　建筑模板

2.2.6　比例尺

比例尺是绘图时用来缩放线段长度的尺子。通常为三棱柱状,所以又称三棱尺,如图 2.14 所示。尺上三个面刻有 6 种不同比例的刻度,通常有 1∶100、1∶200、1∶300、1∶400、1∶500 和 1∶600,可直接用它在图纸上绘出物体按该比例的实际尺寸,不需计算。比例尺上的数字以米为单位。使用比例尺时不能累计计算距离,应该先绘制整个长度或宽度,再进行分割。绘图时千万不要把比例尺当做三角板用来画线。

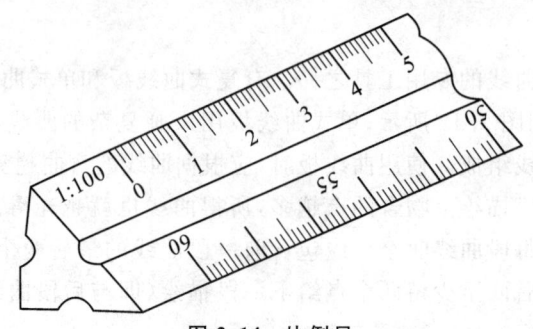

图 2.14　比例尺

2.2.7 擦图片

擦图片是用来修改图线的工具,如图 2.15 所示。擦图片通常是用透明塑料或不锈钢片制成。擦图片上有各种形状的模孔,使用时只要将该擦去的图线对准擦图片上相应的孔洞,用橡皮轻轻擦拭即可。

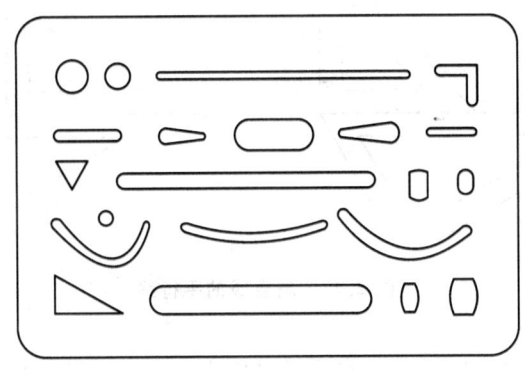

图 2.15 擦图片

2.2.8 其他用品

除了以上介绍的基本工具以外,绘图时还用到胶带纸、橡皮、小刀、墨水、软毛刷、砂皮纸等辅助工具。

【课堂实训 2】 画一张 A3 图纸的幅面线。

2.3 施工图中常见图形画法

施工图中的墙体、轴线、轴号等图形大部分都是由直线和圆弧组成,那么这些图形是如何绘制的呢?

1. 平行线的画法

如图 2.16 所示,过已知点 P,作水平线 AB 的平行线。步骤如下:

(1) 将 30°三角板长直角边与水平线 AB 重合,短直角边与 45°三角板斜边靠紧。

(2) 沿 45°三角板斜边推动 30°三角板,直到 30°三角板的长直角边与点 P 重合。作直线,即为水平线 AB 的平行线。

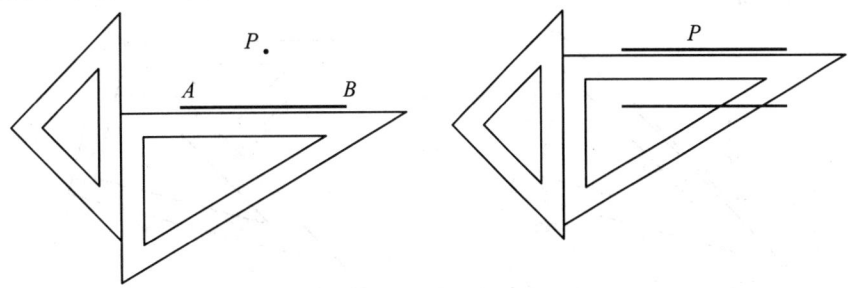

图 2.16 水平线的平行线

如图 2.17 所示,过已知点 P,作斜直线 AB 的平行线。步骤如下:

(1) 将 45°三角板斜边与斜直线 AB 重合,下侧直角边与 30°三角板斜边靠紧。

(2) 沿 30°三角板斜边推动 45°三角板,直到 45°三角板的斜边与点 P 重合。作直线,即为斜直线 AB 的平行线。

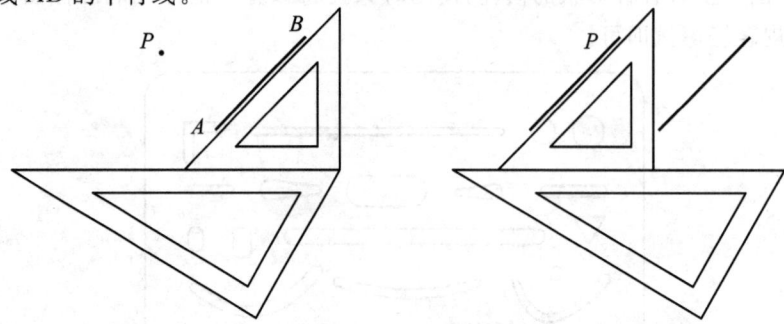

图 2.17　斜直线的平行线

2. 垂线的画法

如图 2.18 所示,过已知点 P,作水平线 AB 的垂线。步骤如下:

(1) 将 30°三角板长直角边与水平线 AB 重合。

(2) 将 45°三角板一直角边紧靠 30°三角板长直角边,另一直角边与点 P 重合。作直线,即为水平线 AB 的垂线。

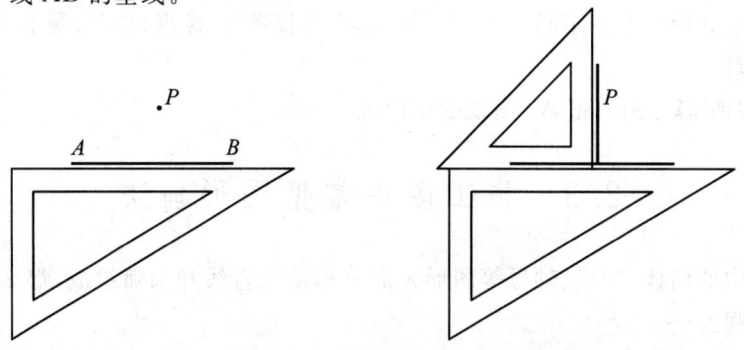

图 2.18　水平线的垂线

如图 2.19 所示,过已知点 P,作斜直线 AB 的垂线。步骤如下:

(1) 将 30°三角板斜边与斜直线 AB 重合。

(2) 将 45°三角板一直角边紧靠 30°三角板斜边,另一直角边与点 P 重合。作直线,即为斜直线 AB 的垂线。

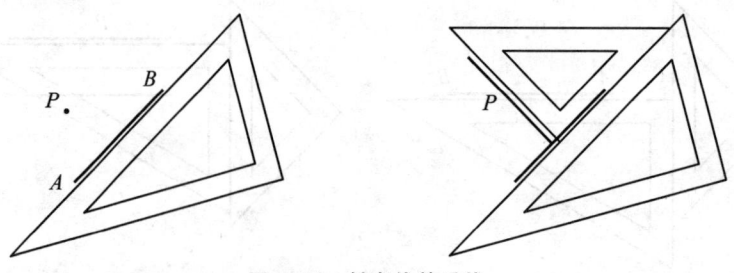

图 2.19　斜直线的垂线

3. 等分线段

如图 2.20 所示,将线段 AB 二等分。步骤如下:

(1) 已知线段 AB。

(2) 分别以端点 A、B 为圆心,大于 $\frac{1}{2}AB$ 为半径画圆弧,得两交点 M、N。

(3) 直线 MN 与线段 AB 的交点即为二等分点。

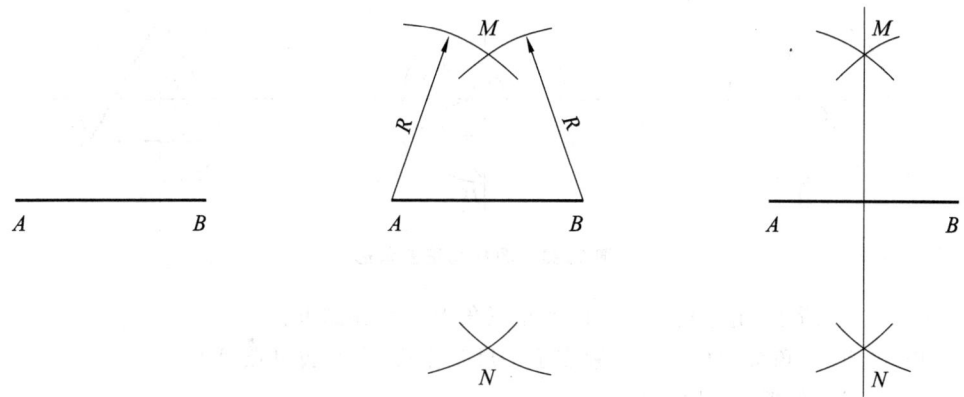

图 2.20 二等分线段

如图 2.21 所示,将线段 AB 任意等分(以五等分为例)。步骤如下:

(1) 已知线段 AB,过端点 A 作射线 AC。

(2) 用直尺或分规在射线 AC 上量取五等分点 1、2、3、4、5。

(3) 连接 $5B$,分别过点 1、2、3、4 作 $5B$ 的平行线,交 AB 于点 $1'$、$2'$、$3'$、$4'$,即为 AB 的等分点。

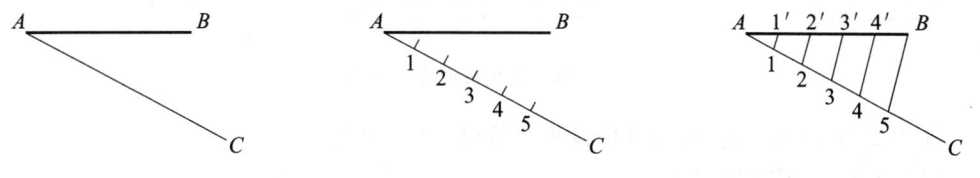

图 2.21 五等分线段

如图 2.22 所示,将平行线间距任意等分(以五等分为例)。步骤如下:

(1) 将三角板的 0 刻度对准 CD 上任意一点,并使刻度 5 落在 AB 上,得点 1、2、3、4。

(2) 过点 1、2、3、4 作 AB、CD 的平行线即可。

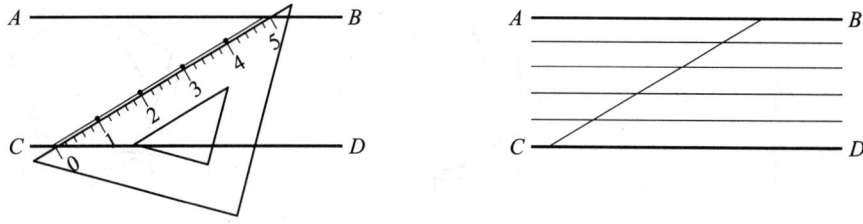

图 2.22 五等分平行线间距

4. 正多边形的画法

如图 2.23 所示,用圆规画圆内接正三角形。步骤如下:
(1) 已知半径为 R 的圆 O 和一条直径 AD。
(2) 以点 D 为圆心,R 为半径画弧,交圆周于点 B、C。
(3) 连接点 A、B、C 即可。

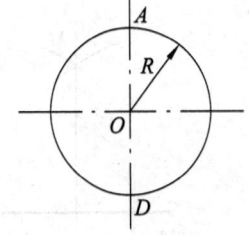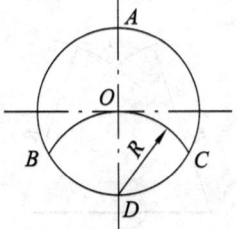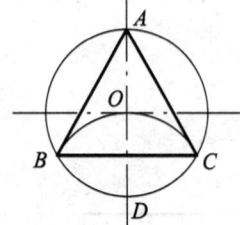

图 2.23　圆规画正三角形

如图 2.24 所示,用三角板作圆内接正三角形。步骤如下:
(1) 将 30°三角板的短直角边紧靠丁字尺工作边,沿斜边过点 A 作 AB。
(2) 翻转三角板,同理作 AC。
(3) 连接点 B、C 即可。

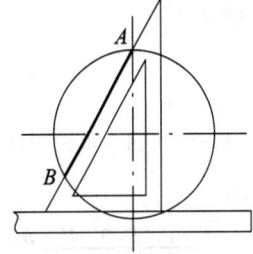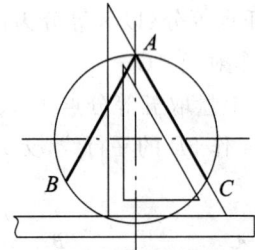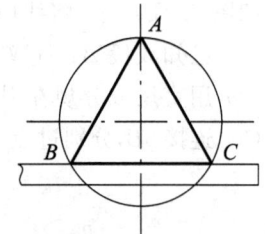

图 2.24　三角板画正三角形

如图 2.25 所示,用圆规画圆内接正五角形。步骤如下:
(1) 作半径 OP 的中点 M。
(2) 以点 M 为圆心,AM 为半径画弧,交 OK 于点 N。
(3) 以点 A 为圆心,AN 为半径画弧交圆周于点 B、E,再分别以点 B、E 为圆心,AN 为半径画弧,交圆周于点 C、D,连接点 A、B、C、D、E 即可。

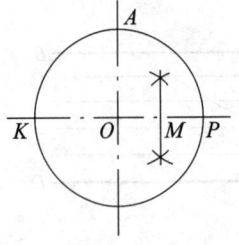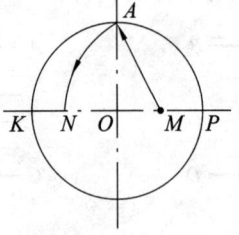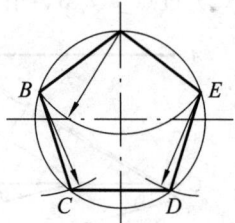

图 2.25　正五边形画法

如图 2.26 所示,用圆规画圆内接正七角形。步骤如下:

(1) 将直径 AP 七等分,得点 $1'、2'、3'、4'、5'、6'$。

(2) 以 P 为圆心,AP 为半径画弧交直径的延长线于点 $M、N$。分别过点 $M、N$ 连接偶数点 $2'、4'、6'$ 并延长与圆周相交得各点,依次连接各点即可。

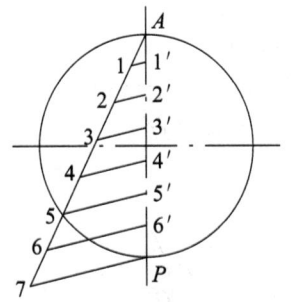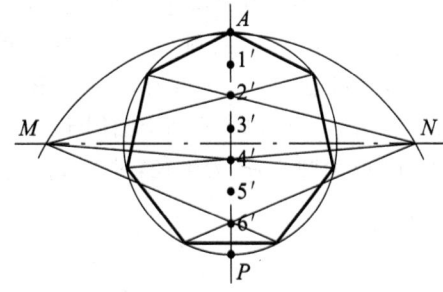

图 2.26 正七边形画法

5. 圆弧连接的画法

如图 2.27 所示,用圆弧连接两直线的画法。步骤如下:

(1) 已知两直线 $AB、CD$ 和连接半径 R。

(2) 以 R 为间距,分别作两已知直线的平行线,交于点 O。

(3) 过点 O 分别作已知直线的垂线,垂足 $T_1、T_2$ 即为连接点。以 O 为圆心,R 为半径,过点 $T_1、T_2$ 作圆弧即可。

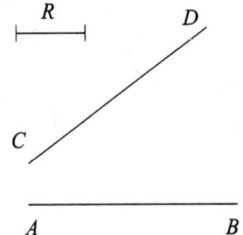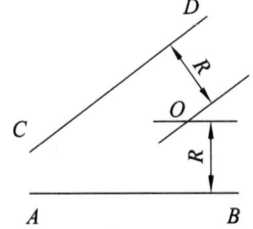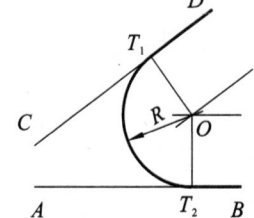

图 2.27 两直线间的圆弧连接

如图 2.28 所示,用圆弧连接直线和圆弧的画法。步骤如下:

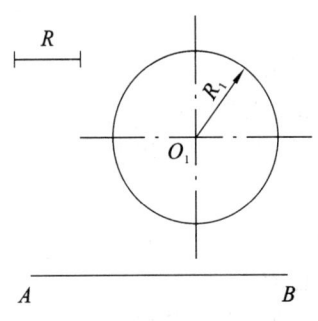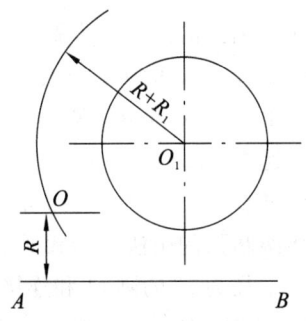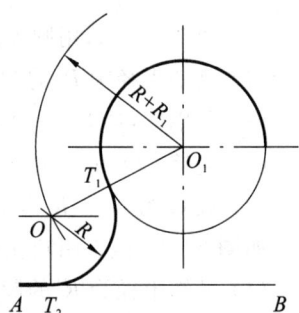

图 2.28 直线与圆弧的连接

(1) 已知半径为 R_1 的圆 O_1 和连接半径 R。

(2) 以 R 为间距,作直线 AB 的平行线,以 O_1 为圆心,$R+R_1$ 为半径作圆弧交 AB 的平行线于点 O。

(3) 连接 OO_1 交圆周于点 T_1,过点 O 作 AB 的垂线,垂足为 T_2,点 T_1、T_2 即为连接点。以 O 为圆心,R 为半径,过点 T_1、T_2 作圆弧即可。

如图 2.29 所示,用圆弧连接两圆弧的画法。步骤如下:

(1) 已知半径为 R_1 的圆 O_1、半径为 R_2 的圆 O_2 和连接半径 R。

(2) 分别以点 O_1、O_2 为圆心,以 $R+R_1$ 和 $R+R_2$ 为半径作圆弧交于点 O。

(3) 连接 OO_1 和 OO_2 分别交圆周于点 T_1、T_2,点 T_1、T_2 即为连接点。

(4) 以 O 为圆心,R 为半径,过点 T_1、T_2 作圆弧即可。

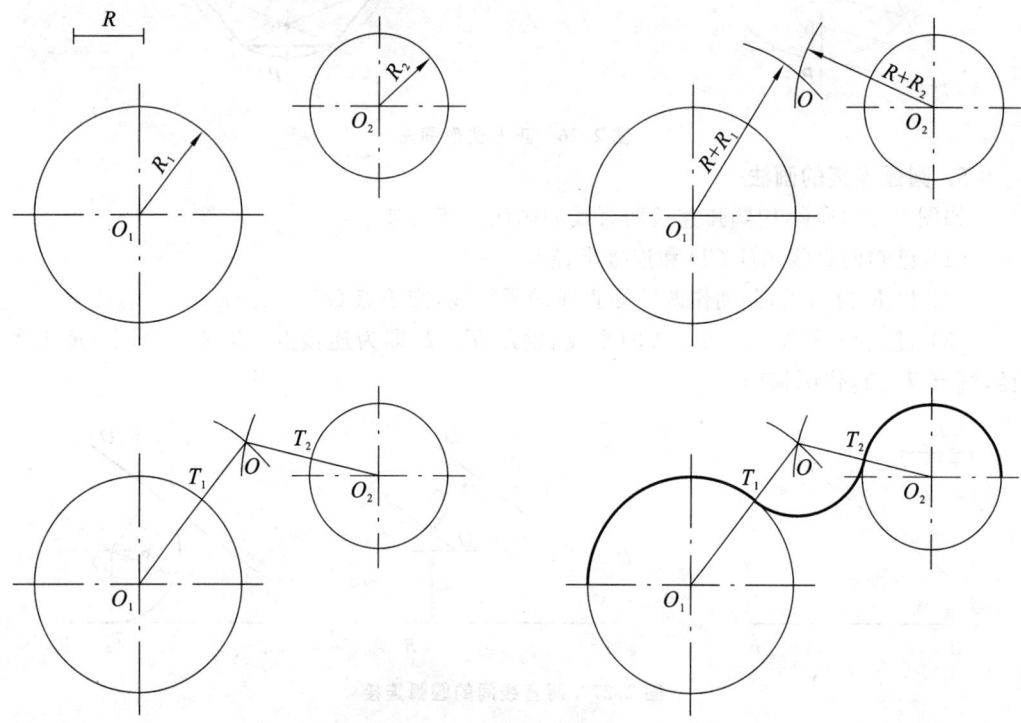

图 2.29 两圆弧的外接

如图 2.30 所示,用圆弧连接两圆弧的画法。步骤如下:

(1) 已知半径为 R_1 的圆 O_1、半径为 R_2 的圆 O_2 和连接半径 R。

(2) 分别以点 O_1、O_2 为圆心,以 $R-R_1$ 和 $R-R_2$ 为半径作圆弧交于点 O。

(3) 连接 OO_1 和 OO_2 并分别延长交圆周于点 T_1、T_2,点 T_1、T_2 即为连接点。

(4) 以 O 为圆心,R 为半径,过点 T_1、T_2 作圆弧即可。

如图 2.31 所示,用圆弧连接两圆弧的画法。步骤如下:

(1) 已知半径为 R_1 的圆 O_1、半径为 R_2 的圆 O_2 和连接半径 R。

(2) 分别以点 O_1、O_2 为圆心,以 $R-R_1$ 和 $R+R_2$ 为半径作圆弧交于点 O。

(3) 连接 OO_1 并延长交圆周于点 T_1,连接 OO_2 交圆周于点 T_2,点 T_1、T_2 即为连接点。

(4) 以 O 为圆心,R 为半径,过点 T_1、T_2 作圆弧即可。

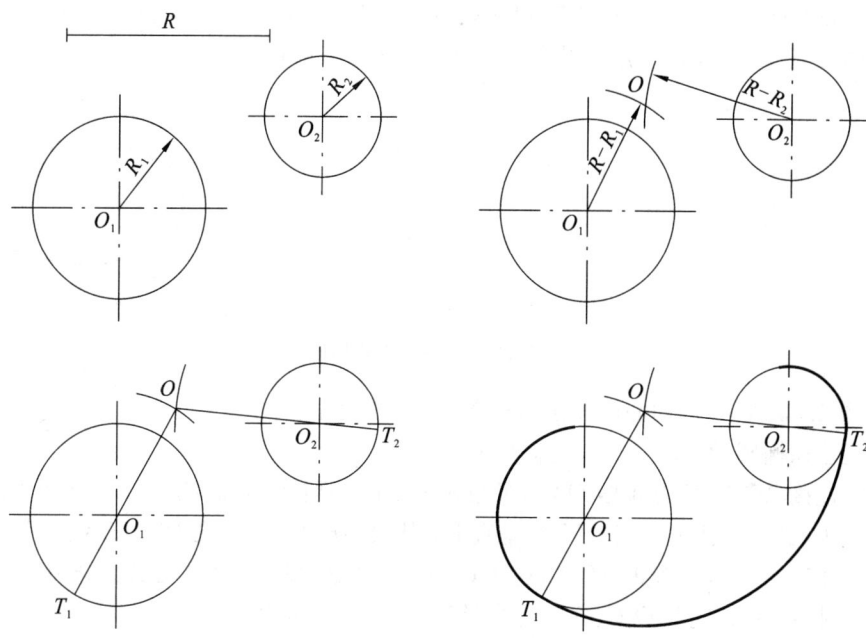

图 2.30 两圆弧的内接

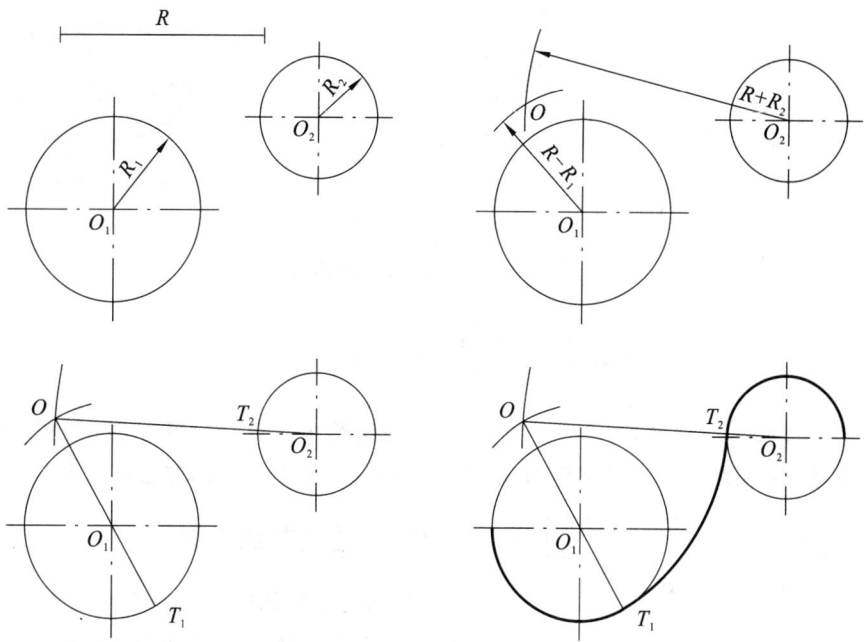

图 2.31 两圆弧的内外连接

6. 椭圆的画法

如图 2.32 所示,用同心圆法画椭圆。步骤如下:
(1) 已知椭圆的长轴 AB 和短轴 CD,分别以 AB、CD 为直径作两个同心圆。
(2) 作适当数量的直径与两圆相交。

(3)分别过各直径与大圆的交点作垂直线,过直径与小圆的交点作水平线,垂直线与水平线的交点即为椭圆上的点,用曲线板顺次连接各点即可。

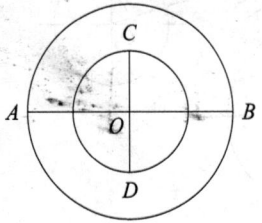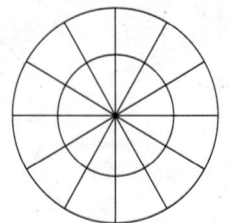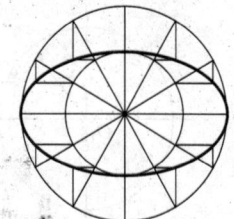

图 2.32 同心圆法画椭圆

如图 2.33 所示,用四心圆弧法画椭圆。步骤如下:
(1)已知椭圆的长轴 AB 和短轴 CD。
(2)连接 AC,以 O 为圆心,OA 为半径画弧交 CD 延长线于点 E。再以点 C 为圆心,CE 为半径画弧,交 AC 于点 F。作 AF 的垂直平分线交 AB 于点 O_1,交 DC 延长线于点 O_2。
(3)作 $OO_1=OO_3$,$OO_2=OO_4$,连接 O_2O_1、O_2O_3、O_4O_1、O_4O_3 并延长。分别以 O_1、O_3、O_2、O_4 为圆心,O_1A、O_3B、O_2C、O_4D 为半径作圆弧,使各弧相接即可。

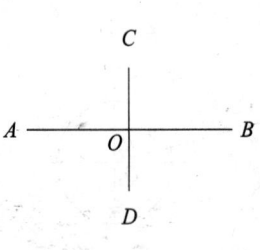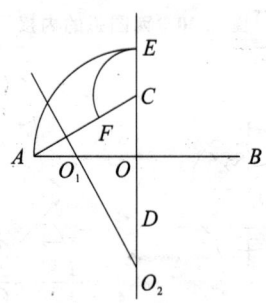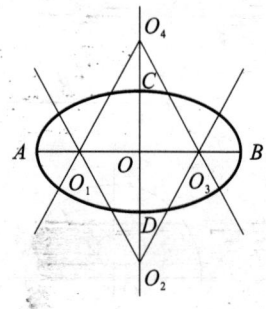

图 2.33 四心圆弧法画椭圆

2.4 绘图步骤和方法

在了解建筑施工图的识读方法以后,可以利用绘图工具绘制施工图中的各种图形。如果要准确、快速地绘制一幅完整的施工图,还应掌握基本的绘图方法和步骤。

2.4.1 绘图前的准备

(1)绘图之前应该把所需的绘图工具准备齐全,并保证绘图工具干净清洁,防止污浊图纸。
(2)根据绘图内容和比例选择合适的图纸幅面。
(3)将图纸用胶带纸固定在图板上。注意图纸各边要与图板各边保持平行,不得歪斜,同时图纸水平边要与丁字尺的工作边保持平行。如图 2.34 所示。

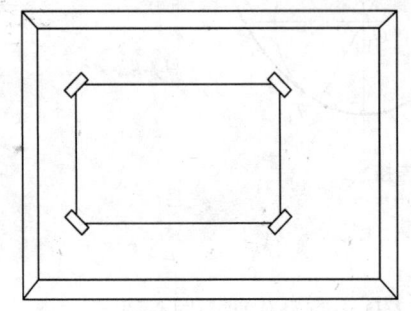

图 2.34 图纸固定

2.4.2 绘制铅笔底稿

(1) 根据《房屋建筑制图统一标准》的规定,首先用硬度大于 HB 的铅笔,配合丁字尺和三角板绘制图纸幅面线、图框线、标题栏和会签栏等。如图 2.35(a)所示。

(2) 如果一张图纸中包含多个图样时,应该综合考虑各图样的位置并预留尺寸标注和文字说明的空间。应尽量做到一张图纸上疏密均匀,美观整洁。以图 2.2(a)为例,图纸中只画一张图样时,应将图样置于图纸中央。

(3) 规划好图面以后,用铅笔按照绘图比例绘制轴线。如图 2.35(b)所示。

(4) 以轴线为基准绘制墙体和柱的轮廓线,如图 2.35(c)所示。

(5) 按照细部尺寸在墙体上绘制门窗洞口细部构造,如图 2.35(d)所示。

(6) 用铅笔绘制尺寸线、尺寸界线、尺寸起止符号等,如图 2.35(e)所示。

(7) 检查底图,擦去多余的线条,改正错误之处,最后完成全图底稿,如图 2.36 所示。

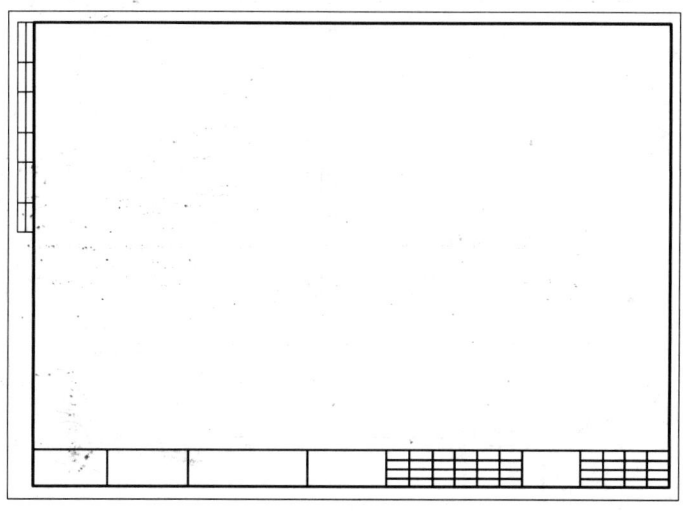

(a)

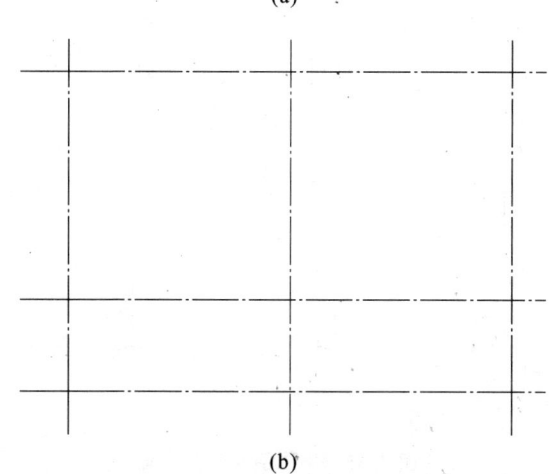

(b)

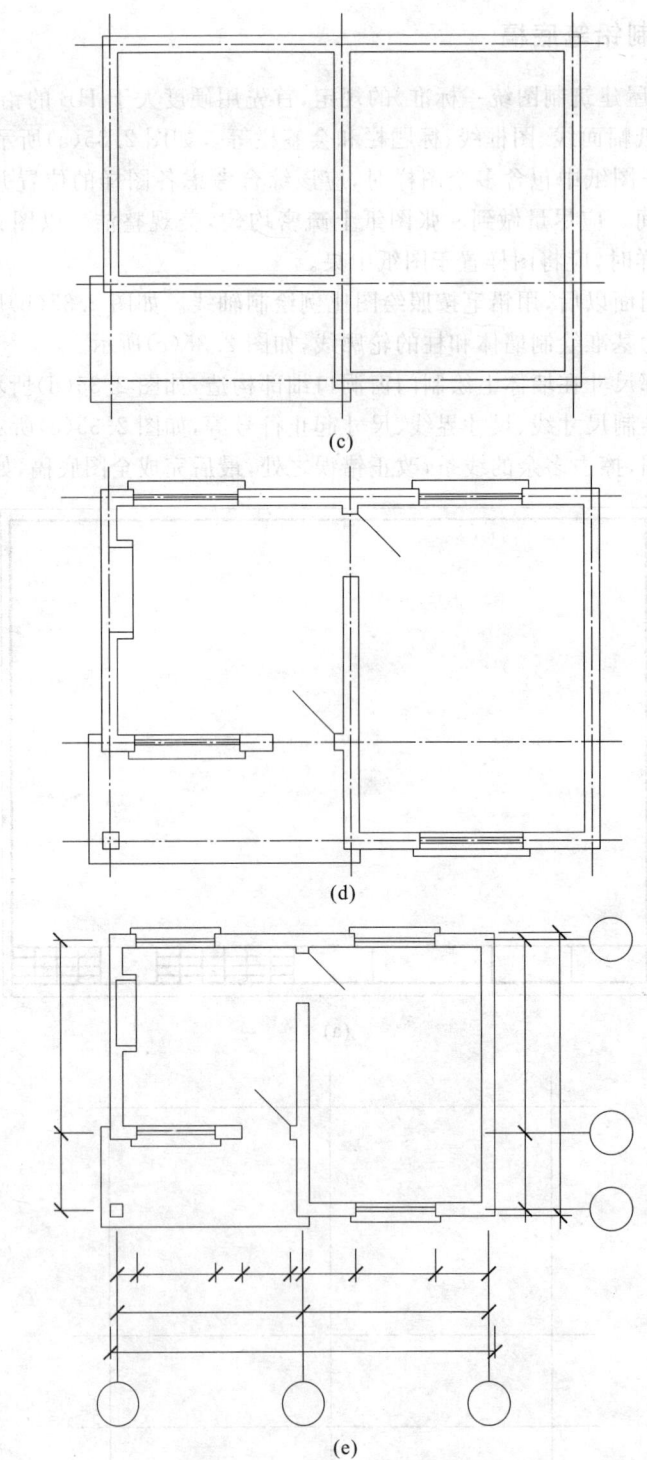

图 2.35 施工图的绘制步骤
(a)绘制幅面线、图框线、标题栏;(b)绘制轴线;
(c)绘制墙体和柱的轮廓线;(d)绘制门窗等细部构造;(e)绘制尺寸线

2.4.3 加深图线

完成底稿以后用铅笔加深图线。加深图线时,应按一定的顺序进行。
(1)加深图线应从上到下,从左到右,先曲后直,先水平后垂直。
(2)注写文字及其他图例。如房间名称、门窗代号、轴号等。
(3)再次检查,修改图样,完成全图,如图 2.36 所示。

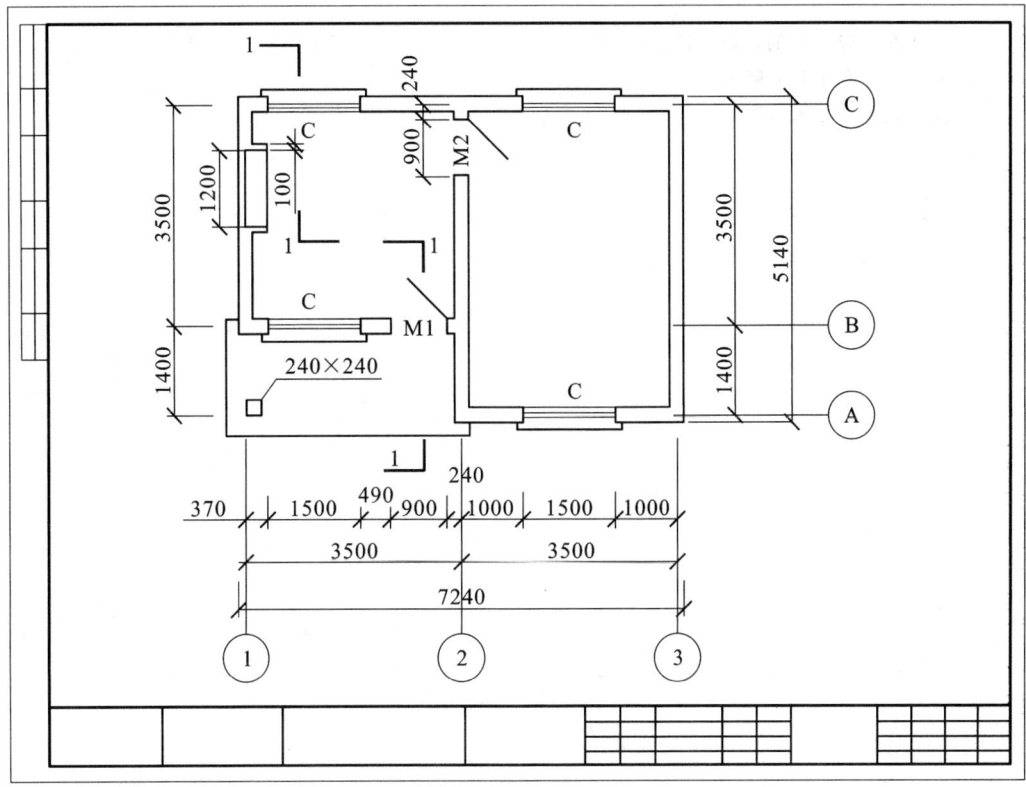

图 2.36 建筑平面图

2.4.4 描图

在手工绘图时期,图纸的复制通常采用描图和晒图的方法进行。描图是用透明的描图纸(即硫酸纸)覆盖在铅笔底图上,用墨线笔描绘,描好的硫酸图通过晒图就可以得到相应份数的复制图纸(即蓝图)。

描图时应注意以下几点:
(1)将原图校正位置后贴在图板上,再将描图纸平铺在原图上固定好。
(2)描图顺序和加深图线基本一致,要从上到下,从左到右,先曲后直,先水平后垂直。
(3)描图时要注意墨线笔和直线笔的墨水不要滴落到图纸。如有污染或画错,应等墨迹干后用小刀轻轻刮掉,再用橡皮擦除痕迹。清除过程中避免将图纸刮破。

小　结

　　本项目从识读简单施工图出发,介绍了施工图的基本识读方法以及绘图的基本步骤和方法。要求了解常用绘图工具和用品,能够使用常用绘图工具如图板、丁字尺、三角板、铅笔、圆规等绘制简单施工图。

复习思考题

1. 简述简单施工图的识读方法。
2. 常用的绘图工具有哪些?
3. 简述绘图的基本步骤和方法。

项目 3　投影法在建筑工程图中的应用

教学目标

1. 理解投影的概念,了解投影的分类及特性;
2. 理解三面正投影图的形成原理及投影规律;
3. 理解点、线、面的三面投影特征及规律;
4. 理解简单平面体和曲面体的投影特征及规律;
5. 了解常用建筑形体的三面投影特征及规律。

3.1　投影概念及在建筑工程图中的应用

3.1.1　投影的概念

光线照射物体,会在地面或墙面上产生影子,这就是日常生活中的投影现象。如图 3.1 所示,影子往往只能反映物体的外部轮廓,并不能反映物体的真实形状。

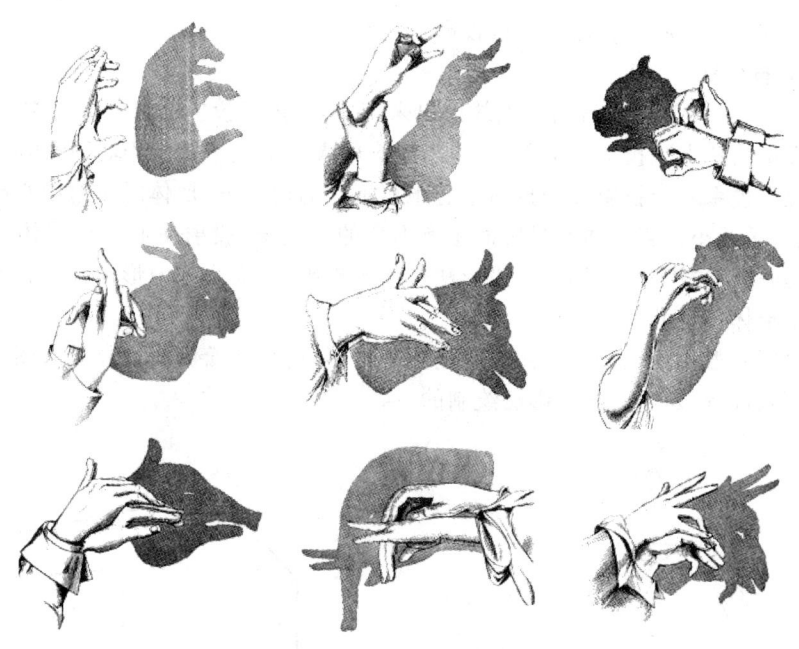

图 3.1　手影游戏

为使投影能够尽可能地反映形体的真实形状,人们对这种现象进行了科学的抽象和概括,总结出了将空间形体转换成平面图形的方法,这就是**投影法**。

我们假设光线能够穿透**形体**(只研究其形状、大小、位置,而不考虑它的物理性质和化学性质的物体),如图 3.2 所示。这时,光源称为**投射中心**,光线称为**投射线**,影子所在的平面称为**投影面**,所产生的影子称为**投影**。

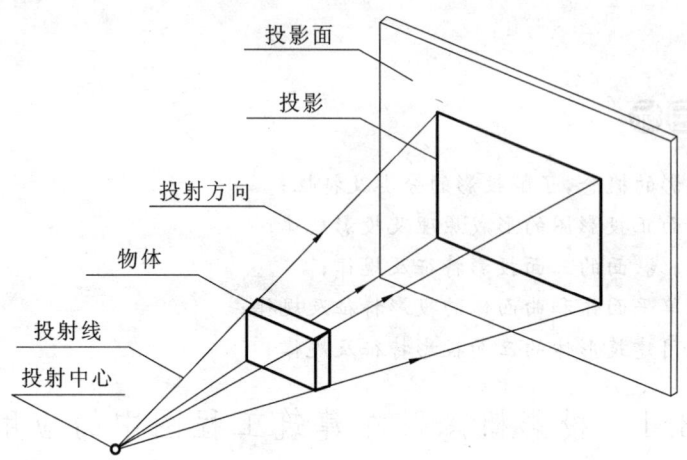

图 3.2　投影的形成

3.1.2　投影的分类及在建筑工程图中的应用

投影法可分为中心投影法和平行投影法两类。

1. 中心投影法

如图 3.3(a)所示,投射线由一点放射出来,对形体进行投影的方法称为**中心投影法**。

中心投影的特点是投射线会聚于一点,投影的大小取决于投射中心、形体和投影面三者之间的位置关系。当投影面和投射中心距离不变的情况下,形体距投射中心越近,影子越大,反之影子越小。当形体和投影面距离不变的情况下,投射中心距离形体越近,影子越大,反之则越小。因此,利用中心投影法作出的投影,其大小与原形体并不相等,不能准确地度量出形体的尺寸大小。

中心投影一般用于绘制立体感较强的透视投影,比如建筑的室内外效果图。如图 3.3(b)、(c)、(d)、(e)都是用透视投影法绘制的。

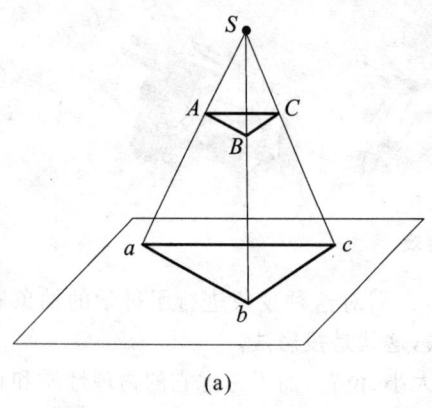

(a)

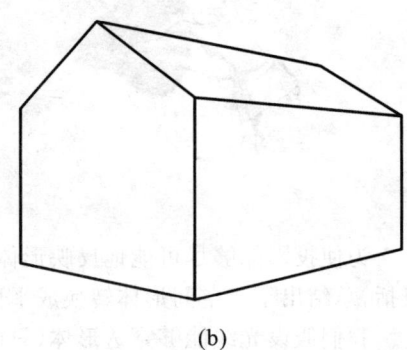

(b)

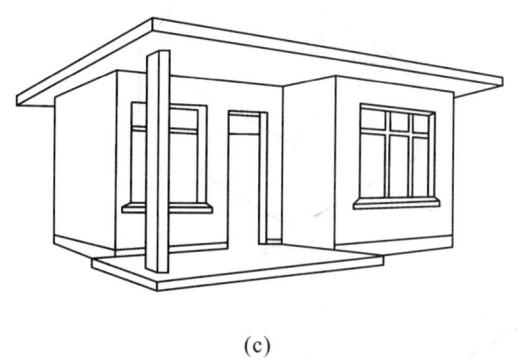

(c) (d)

(e)

图 3.3 中心投影法及应用

(a)中心投影法;(b)坡屋顶房屋的透视投影图;
(c)简单小房子的透视投影图;(d)室内装饰效果图;(e)设计鸟瞰图

2. 平行投影法

当投射中心距离投影面无限远时,投射线则趋近于平行。我们把投射线相互平行的投影方法称为平行投影法。平行投影的大小与形体和投射中心的距离远近无关。

平行投影法根据投射线与投影面之间是否相互垂直,又可分为平行斜投影和平行正投影。

(1)平行斜投影

如图 3.4(a)所示,投射线相互平行,且倾斜于投影面的投影方法称为平行斜投影法。

平行斜投影常用于绘制轴测投影图,如管道系统图等。图 3.4(b)、(c)、(d)都是用平行斜投影的方法绘制的。

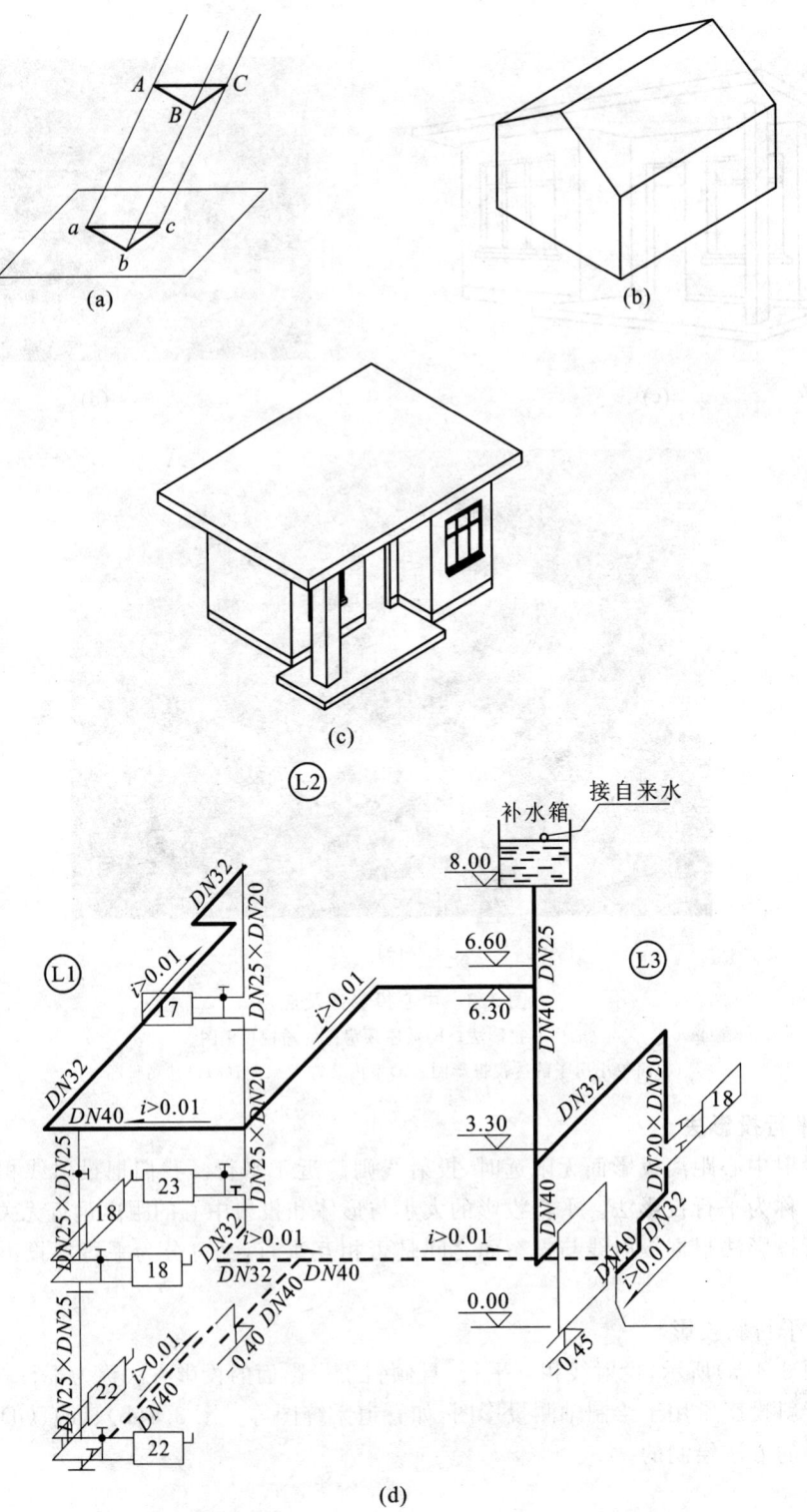

图 3.4　平行斜投影法及应用

(a)平行斜投影法；(b)坡屋顶房屋的轴测投影图；(c)简单小房子的轴测投影图；(d)采暖管道系统图

(2) 平行正投影

如图 3.5(a)所示,投射线相互平行,且垂直于投影面的投影方法称为平行正投影法。

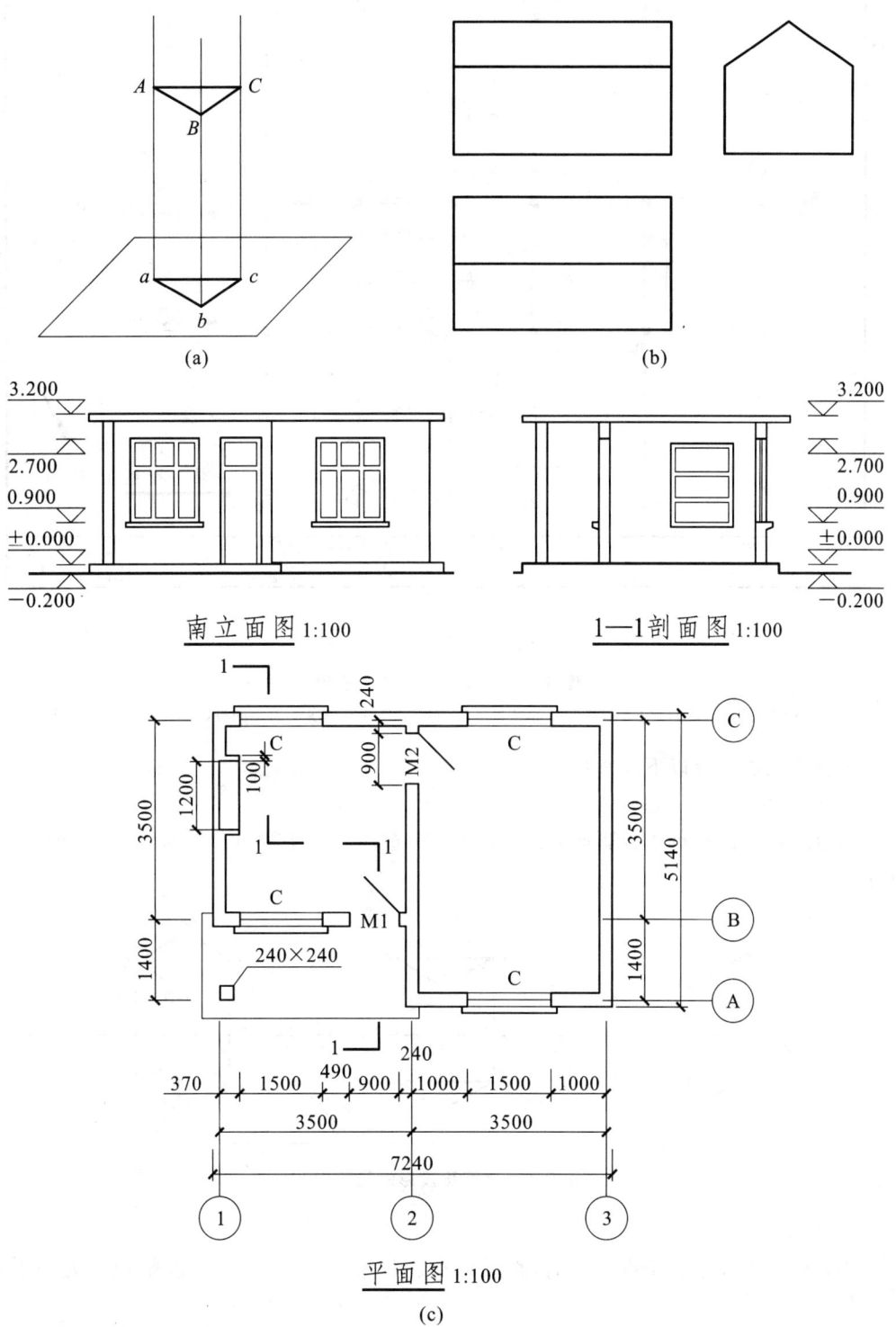

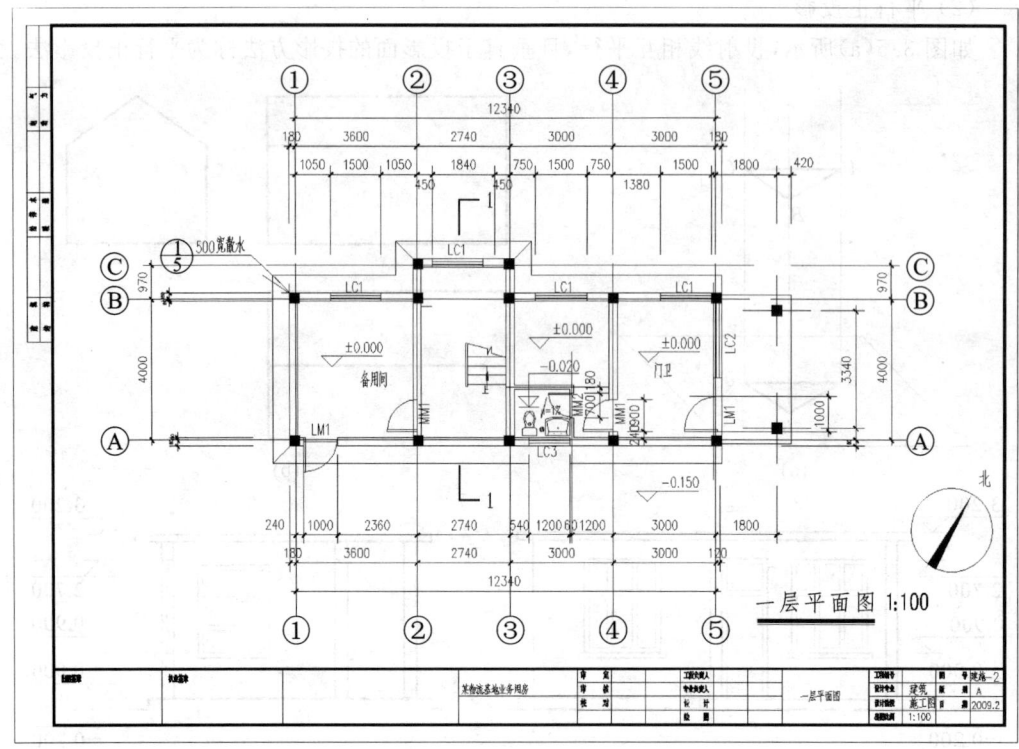

(d)

图 3.5　平行正投影法及应用

(a)平行正投影法；(b)坡屋顶房屋的三面正投影图；(c)一个简单小房子的三面投影图；(d)建筑施工图

平行正投影具有以下投影特性：

① 显实性

当直线或平面平行于投影面时，其投影反映直线段或平面的实长或实形。如图 3.6 所示。

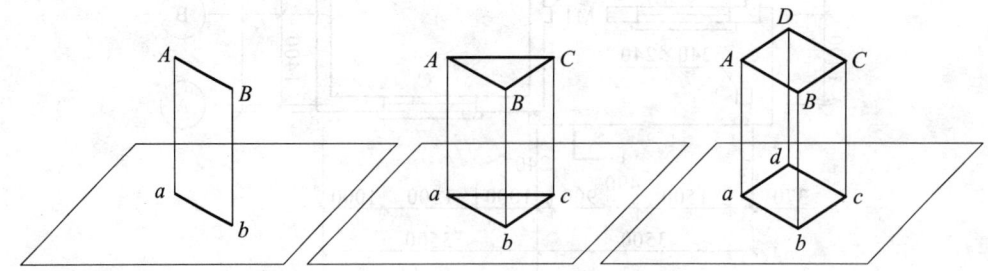

图 3.6　平行正投影的显实性

② 积聚性

当直线或平面垂直于投影面时，直线的投影积聚为一点，平面的投影积聚为一条直线。如图 3.7 所示。

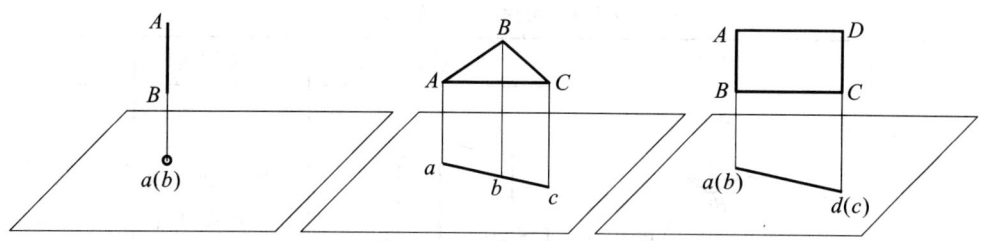

图 3.7　平行正投影的积聚性

③ 类似性

当直线或平面倾斜于投影面时,其投影小于直线段的实长或平面的实形,但与其原形状类似。如平面为三角形,其投影仍然为三角形;如平面为四边形,其投影仍然为四边形,以此类推。如图 3.8 所示。

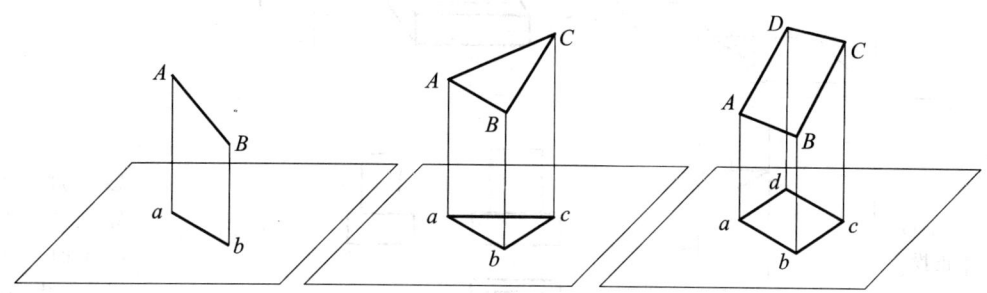

图 3.8　平行正投影的类似性

由于正投影法便于准确表达形体的真实形状和大小,在建筑工程图中得到了广泛应用。为了反映形体的内部形状变化,我们还假设形体是透明的,投射线是可以穿透形体的。如图 3.9 所示,可见的线用实线绘制,不可见的线用虚线绘制。

常见投影图的比较见表 3.1。

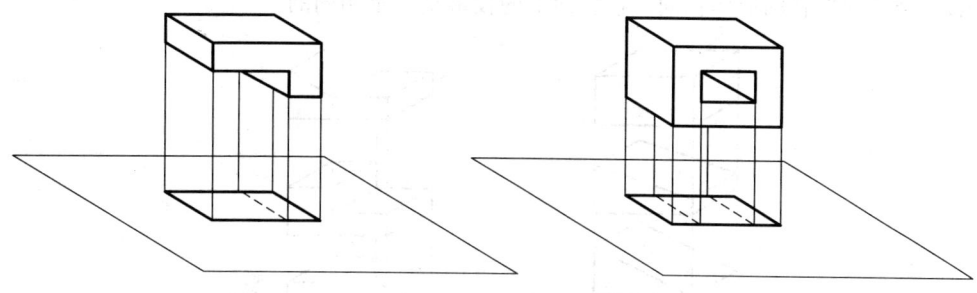

图 3.9　图样的虚实线绘制

表 3.1 常用投影图的比较

投影法分类		原理图	实例图	主要用途	优缺点
中心投影法				绘制辅助图样，如装饰效果图	立体感强，作图困难，度量性差
平行投影法	平行斜投影			绘制辅助图样，如管道系统图	立体感较强，作图较难，度量性较差
	平行正投影			绘制工程图	没有立体感，但度量性好，能够反映物体的真实形状和大小，容易作图

3.2 三面正投影图及形成规律

由于物体具有长、宽、高三个向度，一个投影是无法表达物体的真实形状的。如图 3.10 所示，三个不同形状的形体在同一投影面上的投影是完全相同的。

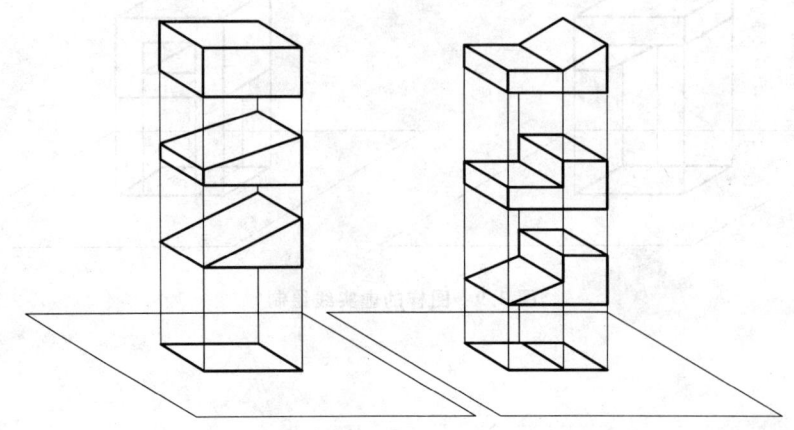

图 3.10 不同形状的形体一面投影相同

因此，要确切反映形体的真实形状和大小，就需要按照不同投射方向、用多个投影来表达。

3.2.1 三面正投影图的形成

根据实际需要，我们经常选择建立三投影面体系。如图 3.11 所示。

1. 三面正投影图的建立

图 3.11 中三个投影面相互垂直，处于水平位置的称为水平投影面，用 H 表示；处于正立位置的称为正立投影面，用 V 表示；处于侧立位置的称为侧立投影面，用 W 表示。水平投影面 H 和正立投影面 V 的交线 OX、水平投影面 H 和侧立投影面 W 的交线 OY、正立投影面 V 和侧立投影面 W 的交线 OZ 称为投影轴，三个投影轴的交点 O 称为原点。

我们将形体放在三投影面体系中，然后用正投影的方法分别向三个投影面作形体的投影，这样就得到了形体的三面正投影图，如图 3.12 所示。

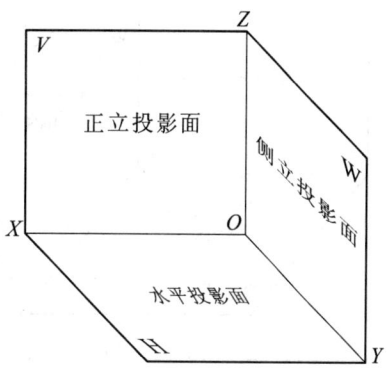

图 3.11 三面投影体系的建立

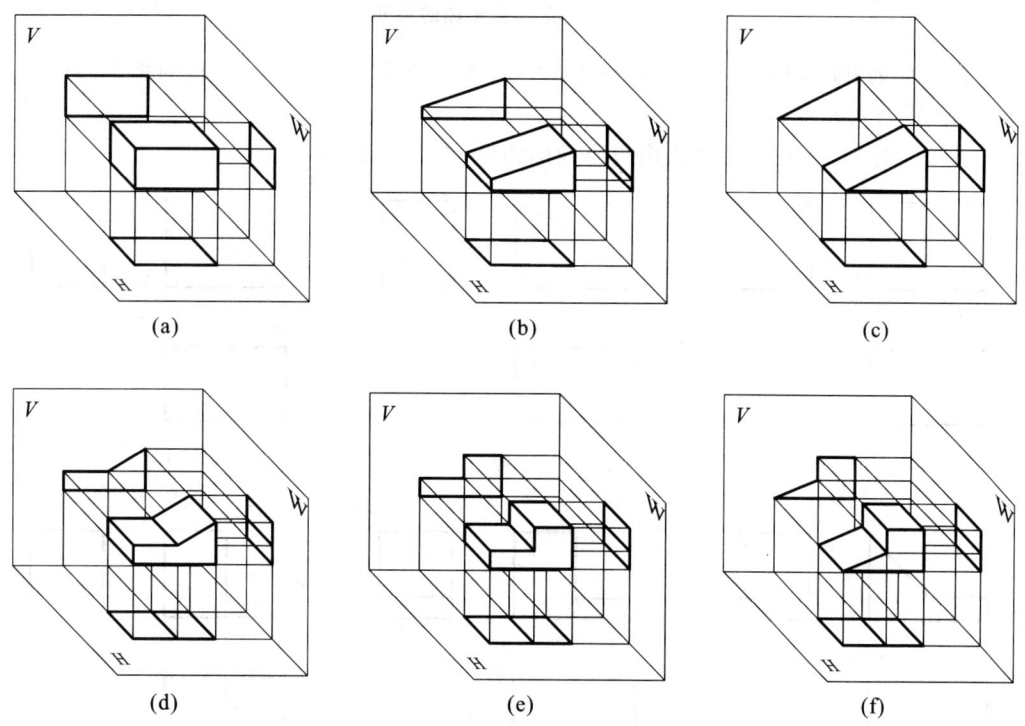

图 3.12 不同形体的三面投影图
(a)形体 A；(b)形体 B；(c)形体 C；(d)形体 D；(e)形体 E；(f)形体 F

2. 三面正投影图的展开

为了将投影图绘制到同一个平面上，我们必须将三个投影面展开成一个平面，如图 3.13 所示。

展开方法是:V面保持不动,H面绕OX向下旋转90°,W面绕OZ轴向右旋转90°,此时H、V、W面就展开为同一平面。如图3.13(b)所示。

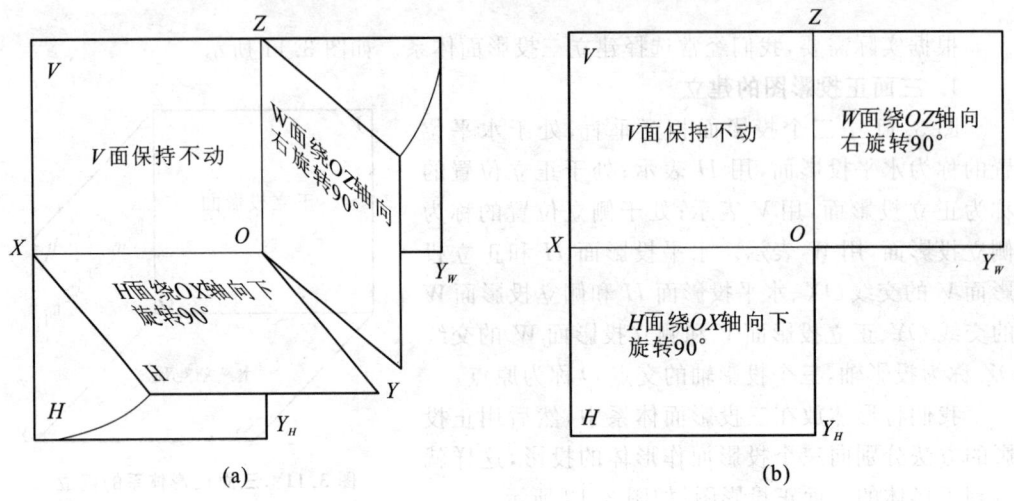

图3.13 三面投影图的展开

投影面展开时OX、OZ轴保持不动,OY轴被一分为二,随H面旋转的称为OY_H,随W面旋转的称为OY_W。

在实际绘图中,我们不必画出投影面的边框,如图3.14所示。

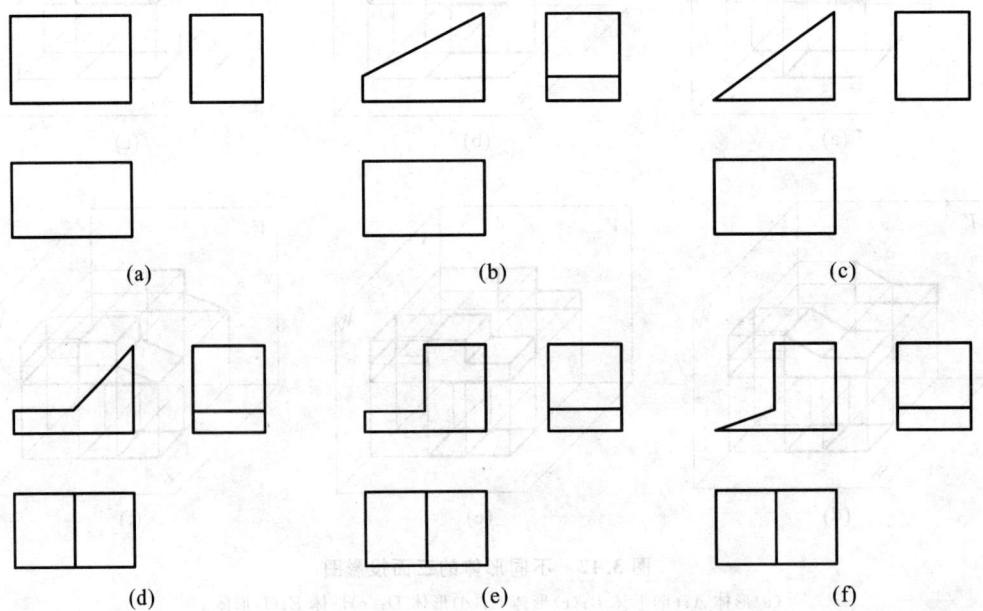

图3.14 不同形体的三面投影图

(a)形体A的三面投影;(b)形体B的三面投影;(c)形体C的三面投影;
(d)形体D的三面投影;(e)形体E的三面投影;(f)形体F的三面投影

3.2.2 三面正投影图的规律

形体在正立投影面上得到的投影称为正面投影(或 V 面投影),在水平投影面上得到的投影称为水平投影(或 H 面投影),在侧立投影面上得到的投影称为侧面投影(或 W 面投影)。

1. 位置关系

(1) 三面投影之间的位置关系

在同一张图纸上,三面投影图之间的位置关系如图 3.15 所示。

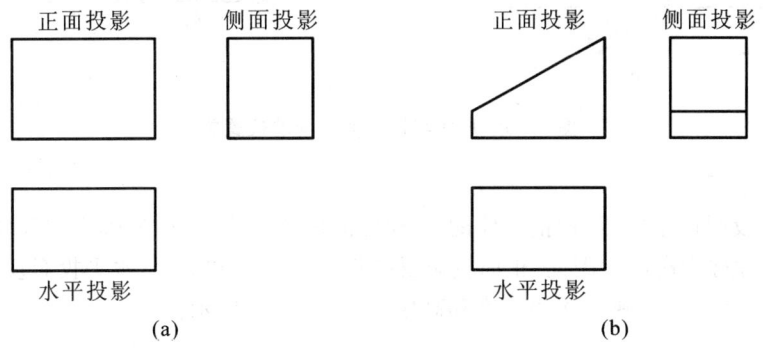

图 3.15 三面投影图之间的位置关系

以正面投影为参照,水平投影在正面投影的正下方,侧面投影在正面投影的正右方。

(2) 形体与投影面之间的位置关系

形体在三面投影体系中的位置确定后,相对于观察者,它在空间就有上、下、左、右、前、后六个方位,如图 3.16(a)、(b)所示。这六个方位关系也反映在形体的三面投影图中,每个投影图都可反映出其中四个方位。V 面投影反映形体的上下、左右关系,H 面投影反映形体的前后、左右关系,W 面投影反映形体的前后、上下关系,如图 3.16(c)、(d)所示。

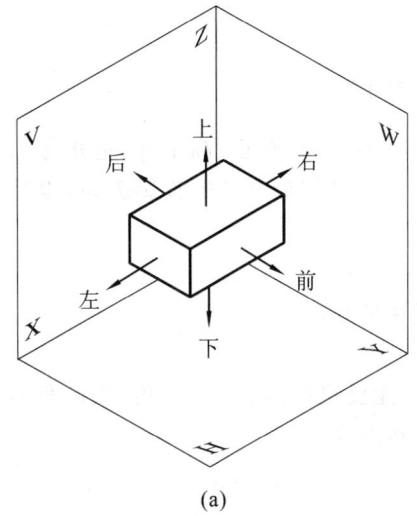
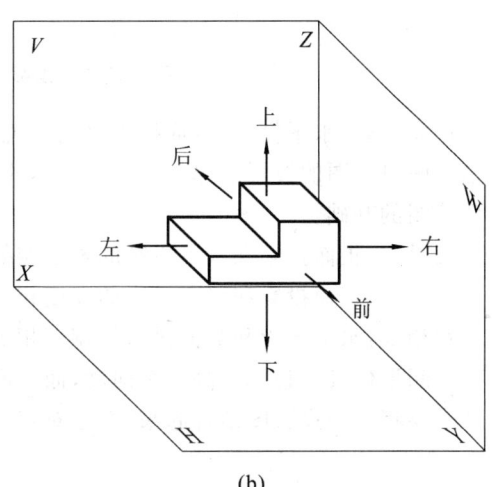

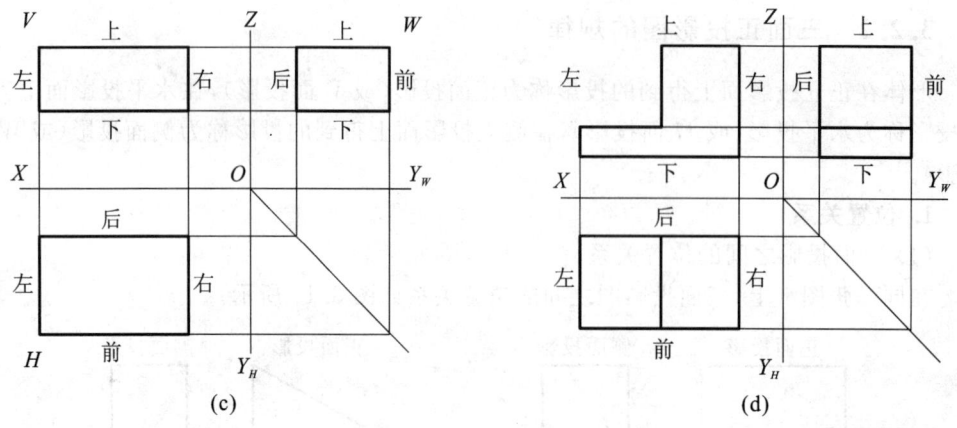

(c)　　　　　　　　　　　(d)

图 3.16　形体与投影面之间的位置关系

2. 尺寸关系

在三面投影体系中,我们把形体的 X 轴方向尺寸称为长度,Y 轴方向尺寸称为宽度,Z 轴方向尺寸称为高度。因此,正面投影反映形体的长度和高度,水平投影反映形体的长度和宽度,侧面投影反映形体的宽度和高度。如图 3.17 所示。

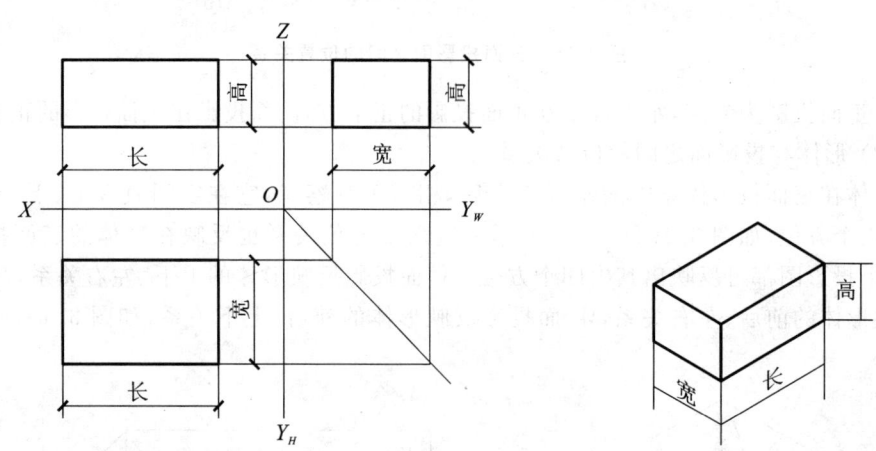

图 3.17　三投影面之间的尺寸关系

正面投影、水平投影、侧面投影之间的关系可以归纳为"长对正、高平齐、宽相等",这就是三面投影图的投影规律。它既是形体的三面投影图之间最基本的投影关系,也是绘图和读图的基础。

长对正:正面投影和水平投影的长度相等,并相互对正;

高平齐:正面投影和侧面投影的高度相等,并相互平齐;

宽相等:水平投影和侧面投影的宽度相等。

空间形体具有长、宽、高三个向度,而一面投影只能反映形体的两个向度,因此我们在识图时要将三个投影图结合起来,综合对照,才能准确识读。

3.2.3 三面正投影图的画法示例

画出图 3.18(a)所示坡顶房屋的三面正投影图。

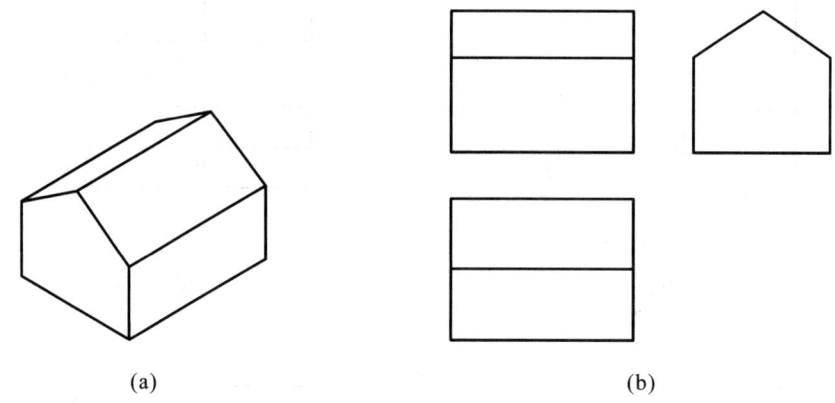

图 3.18　坡顶房屋的三面正投影图
(a)坡顶房屋的直观图；(b)坡顶房屋的三面正投影图

绘制三面正投影图时，一般先绘制 V 面投影图和 H 面投影图，然后再绘制 W 面投影图。熟练地掌握形体的三面正投影图的画法是绘制和识读工程图样的重要基础。下面是绘制三面正投影图的具体方法和步骤：

（1）在图纸上先画出水平和垂直的十字相交线，以作为正投影图中的投影轴，如图 3.19(a)所示。

（2）根据形体在三投影面体系中的放置位置，先画出能够反映形体特征的 V 面投影图或 H 面投影图，如图 3.19(b)所示。

（3）根据投影关系，由"长对正"的投影规律，画出 H 面投影图或 V 面投影图；由"高平齐"的投影规律，把 V 面投影图中涉及高度的各相应部位用水平线拉向 W 投影面；由"宽相等"的投影规律，用过原点 O 作 45°斜线或以原点 O 为圆心作圆弧的方法，得到引线在 W 投影面上与"等高"水平线的交点，连接关联点而得到 W 面投影图，如图 3.19(c)、(d)所示。

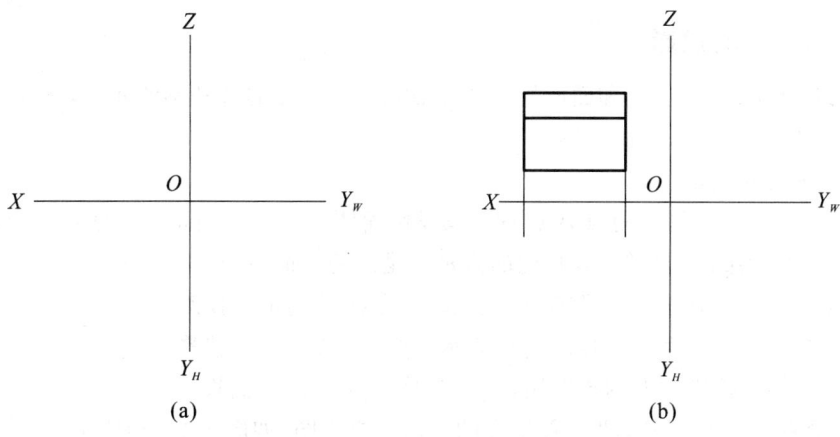

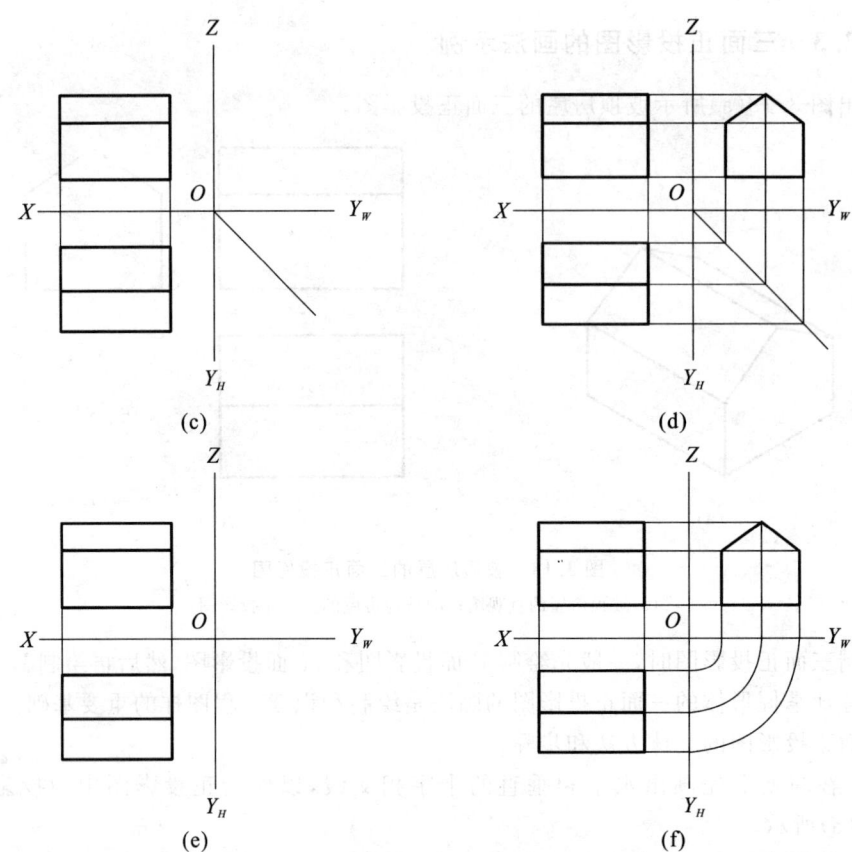

图 3.19 坡屋顶房屋的三面正投影图的画法

(a)画出投影轴;(b)画出 V 面投影;(c)根据"长对正",画出 H 面投影(45°线法);
(d)根据"高平齐、宽相等",画出 W 面投影(45°线法);(e)根据"长对正",画出 H 面投影(圆弧法);
(f)根据"高平齐、宽相等",画出 W 面投影(圆弧法)

3.3 点、线、面的投影

3.3.1 点的投影

一切形体都是由点、线和面所组成的。点是构成形体的最基本的元素,掌握了点的投影,也就基本掌握了线、面的投影。

1. 点的三面投影

如图 3.20 所示,将空间点 A 放置于三投影面体系中。按照正投影法作图原理,将点 A 分别向三个投影面作垂线,其相应的垂足就是点的三面投影。

点 A 在水平投影面上的投影用 a 表示,称为点 A 的水平投影;

点 A 在正立投影面上的投影用 a' 表示,称为点 A 的正面投影;

点 A 在侧立投影面上的投影用 a'' 表示,称为点 A 的侧面投影。

将三面投影体系展开,即得到点 A 的三面正投影图,如图 3.20(c)所示。

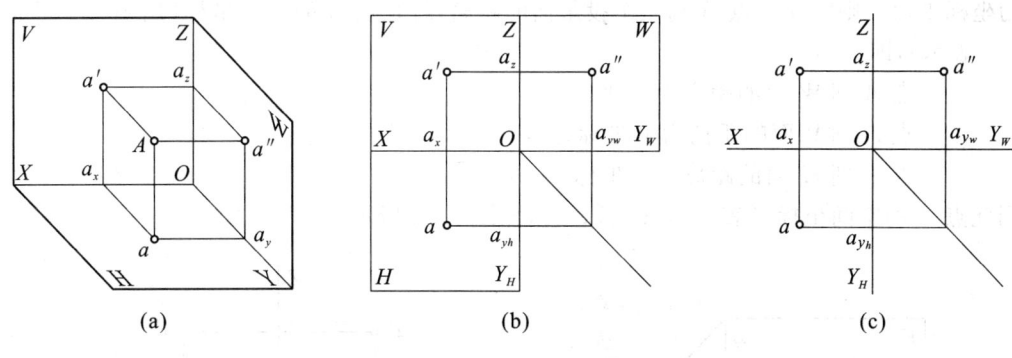

图 3.20 点的三面投影
(a)点的投影直观图;(b)点的投影图的展开;(c)点的三面投影

2. 点的投影规律

通过分析可知：

(1) 点 A 的 V 面投影 a' 和 H 面投影 a 的连线垂直于 OX 轴($aa' \perp OX$)。

(2) 点 A 的 V 面投影 a' 和 W 面投影 a'' 的连线垂直于 OZ 轴($a'a'' \perp OZ$)。

(3) 点 A 的 H 面投影 a 到 OX 轴的距离等于点 A 的 W 面投影 a'' 到 OZ 轴的距离($aa_x = a''a_z$)。

这就是点的投影规律。

由此可知,在点的三面正投影图中,任何两个投影都有一定的联系,因此,只要给出一点的任意两个投影,就可以求出其第三个投影。

【例 3.1】 已知 A 点的两面投影,求作第三面投影。

作图方法见图 3.21。

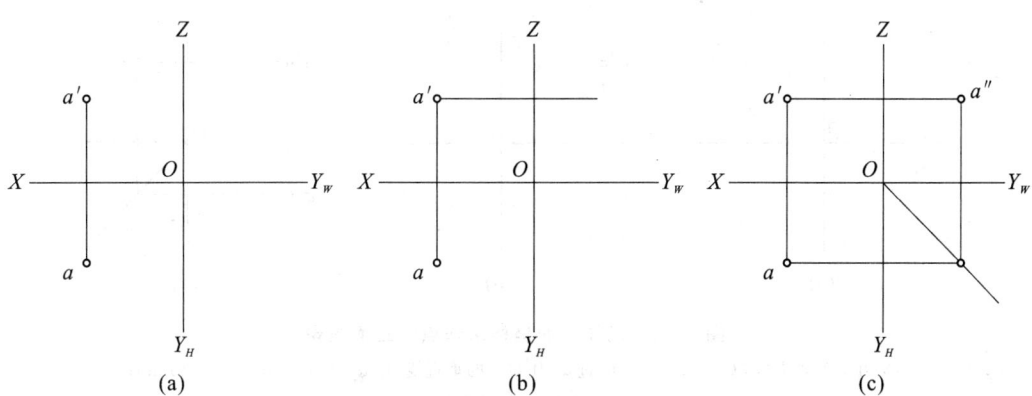

图 3.21 已知点的两面投影求作第三面投影
(a)已知点的两面投影;(b)过 a' 作 OZ 轴的垂线;
(c)过 a 作 OY_H 轴垂线,与 45°线相交后作 OY_W 轴垂线,与过 a' 所作 OZ 轴垂线相交于 a''

*3. 点的坐标

在三投影面体系中,空间点及其投影的位置可以由点的坐标来确定,将三面投影体系看作一个空间直角坐标系,O 点为坐标原点,X 轴、Y 轴、Z 轴为坐标轴,H 面、V 面、W 面为坐标平面。则空间一点 A 到三个投影面的距离,就是点 A 的三个坐标(用小写字母 x、y、z 表示),即

点 A 到 W 面的距离为 x 坐标;

点 A 到 V 面的距离为 y 坐标;

点 A 到 H 面的距离为 z 坐标。

因此点 A 的空间坐标可表示为 $A(x,y,z)$,如图 3.22 所示。

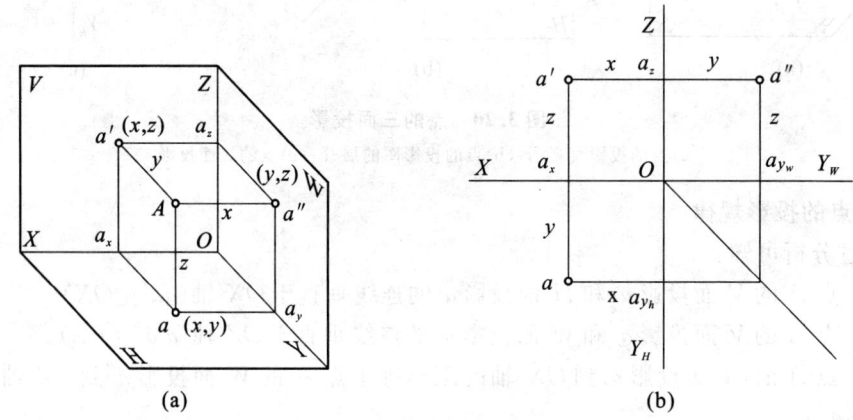

图 3.22 点的坐标

(a)点的直观图;(b)点的三面投影图

【例 3.2】 已知 A 点的坐标为 $x=20,y=10,z=15$,即 $A(20、10、15)$,求作 A 点的三面投影图。

作图方法见图 3.23。

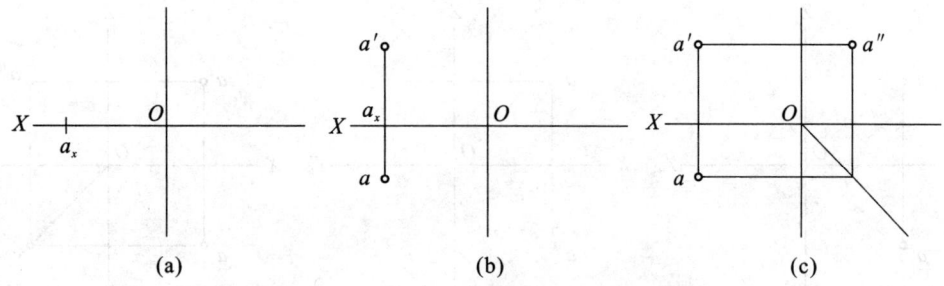

图 3.23 已知点的坐标求作点的三面投影

(a)在 OX 轴上取 $Oa_x=20$ mm;(b)过 a_x 作 OX 的垂直线,作 $aa_x=10$ mm,$a'a_x=15$ mm;

(c)根据 a 和 a' 求出 a''

*4. 两点相对位置及重影点

(1)两点相对位置

空间两点的相对位置(两点间前后、左右、上下的位置关系)可由三面投影图反映出来,如图 3.24 所示。其中 H 面投影反映两点左右、前后位置关系,如图 3.25(a)所示;V 面投影反映两点上下、左右位置关系,如图 3.25(b)所示;W 面投影反映两点上下、前后位置关系,如图 3.25(c)所示。

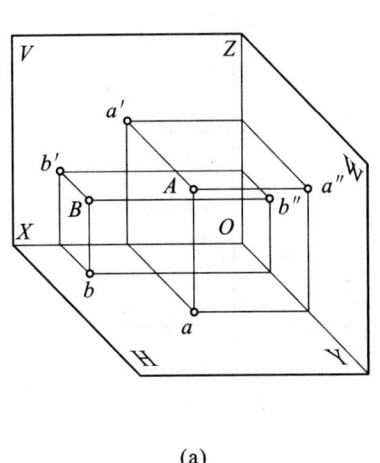 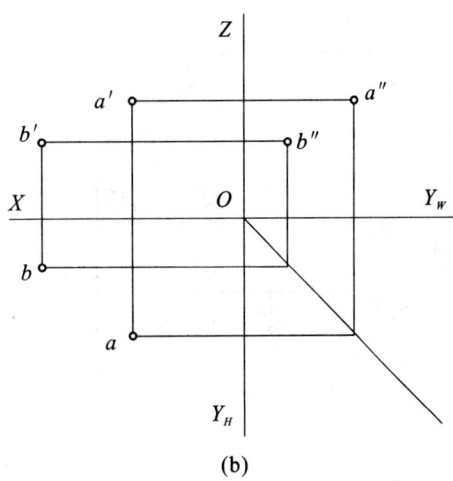

(a) (b)

图 3.24 空间两点的相对位置
(a)两点相对位置的直观图;(b)两点相对位置的三面投影图

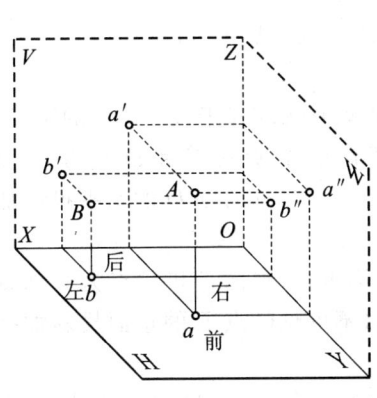 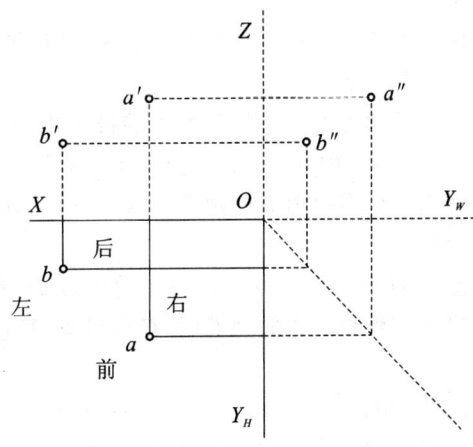

(a)

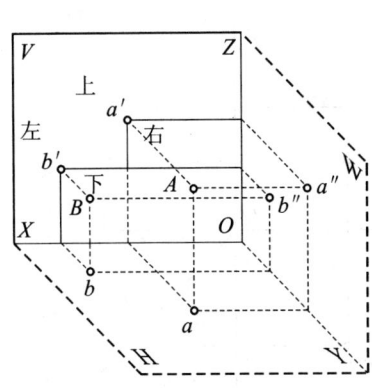 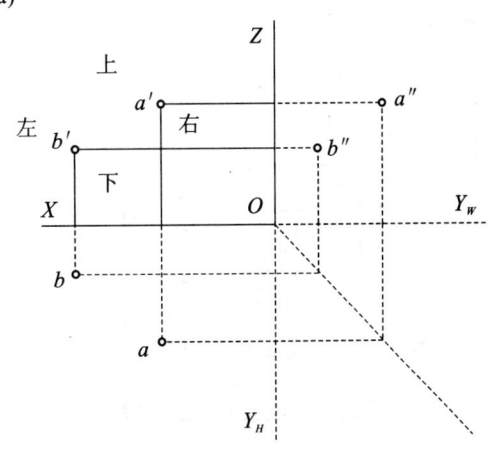

(b)

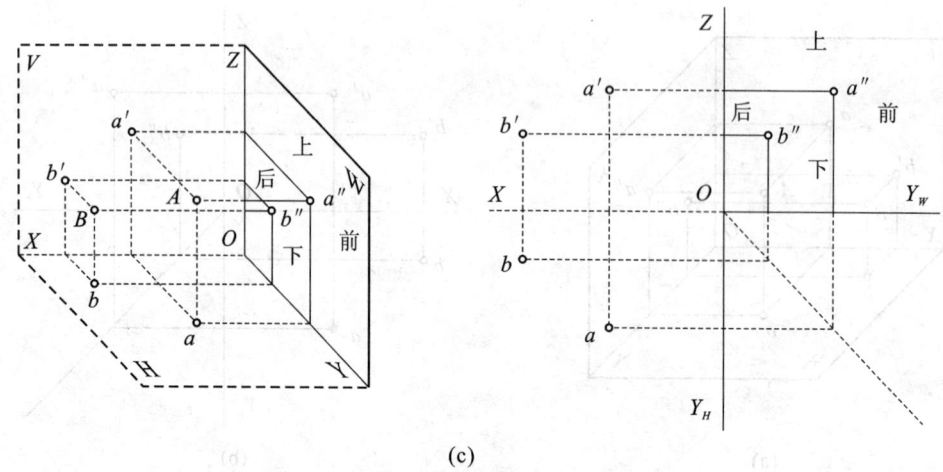

(c)

图 3.25 各面投影反映空间点的位置关系

(a)H 面投影反映空间两点前后和左右位置关系；(b)V 面投影反映空间两点上下和左右位置关系；
(c)W 面投影反映空间两点前后和上下位置关系

由图 3.25 可见，A 点在 B 点的右前上方，B 点在 A 点的左后下方。

(2) 重影点

当空间两点在某一投影面上的投影重合时，这两点就称为相对于该投影面的**重影点**。

图 3.26(a)中，C 点在 D 点正上方，C、D 的水平投影重合，则称 C 和 D 点为 H 面重影点。当我们沿投射方向观看时，C 点可见、D 点不可见（不可见的点 D 的水平投影加括号表示）。

图 3.26(b)中，E 点在 F 点正前方，E、F 点正面投影重合，则称 E 和 F 点为 V 面重影点。当我们沿投射方向观看时，E 点可见、F 点不可见（不可见的点 F 的正面投影加括号表示）。

图 3.26(c)中，H 点在 G 点正左方，H、G 点侧面投影重合，则称 H 和 G 点为 W 面重影点。当我们沿投射方向观看时，H 点可见、G 点不可见（不可见的点 G 的侧面投影加括号表示）。

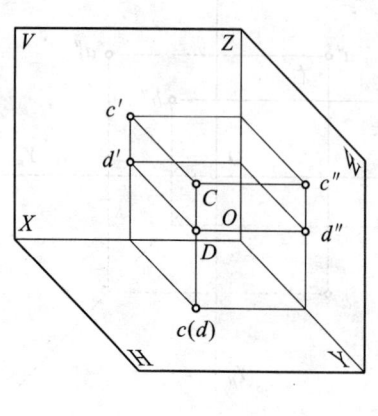 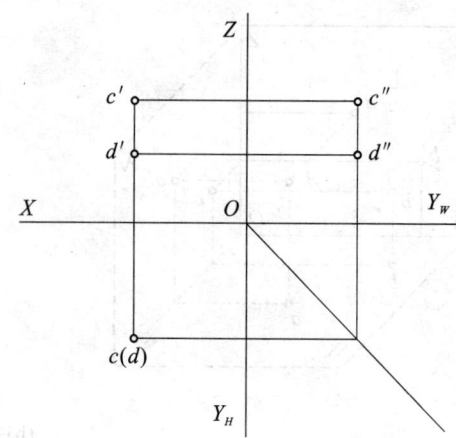

(a)

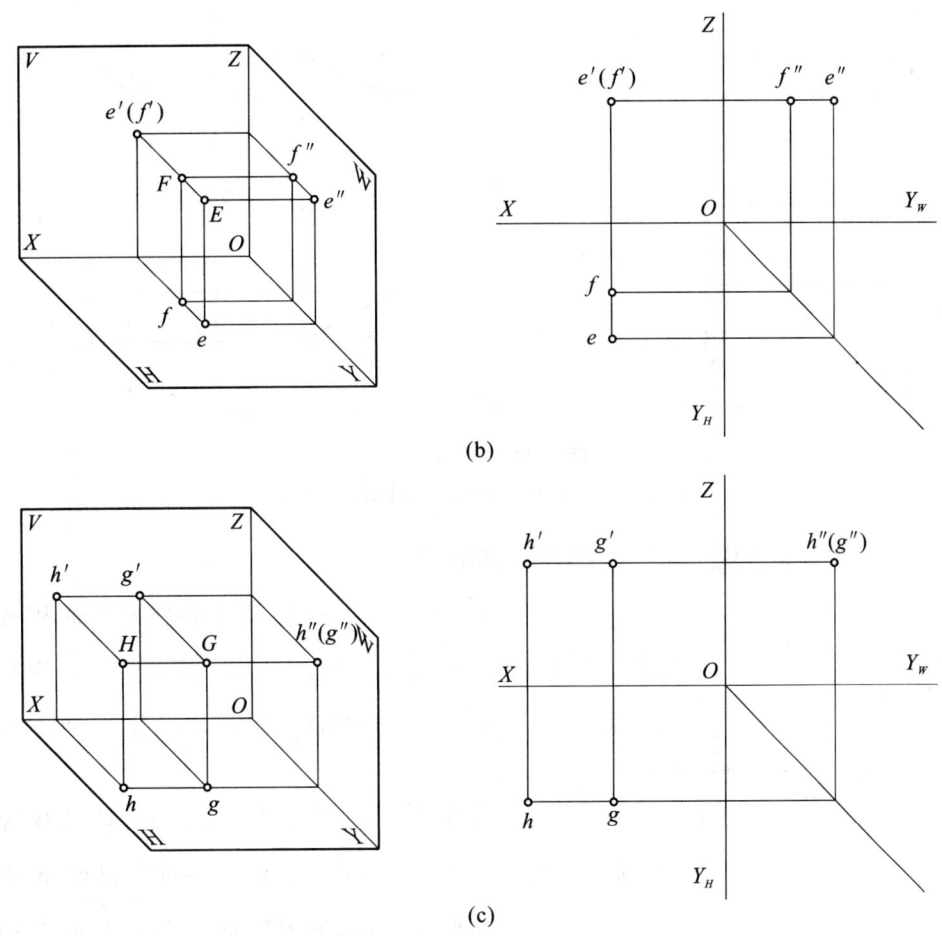

图 3.26 重影点
(a)H 面重影点;(b)V 面重影点;(c)W 面重影点

判断重影点可见性的方法如下：

H 面重影点：上方的点可见，下方的点不可见；

V 面重影点：前方的点可见，后方的点不可见；

W 面重影点：左方的点可见，右方的点不可见。

3.3.2 直线的投影

空间任意两点能确定一条直线，因此只要作出该直线上任意两点的投影，再用直线段将两点的同面投影相连，就可以得到直线的投影。如图 3.27 所示。

直线按其与投影面的相对位置可分为三种：一般位置直线、投影面平行线和投影面垂直线。其中，投影面平行线和投影面垂直线称为特殊位置直线。

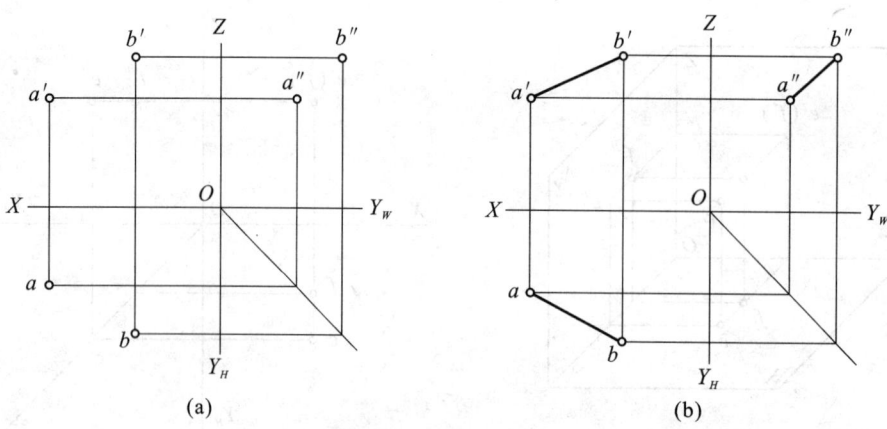

图 3.27 直线的投影
(a)空间两点的投影图;(b)两点所确定的直线的投影图

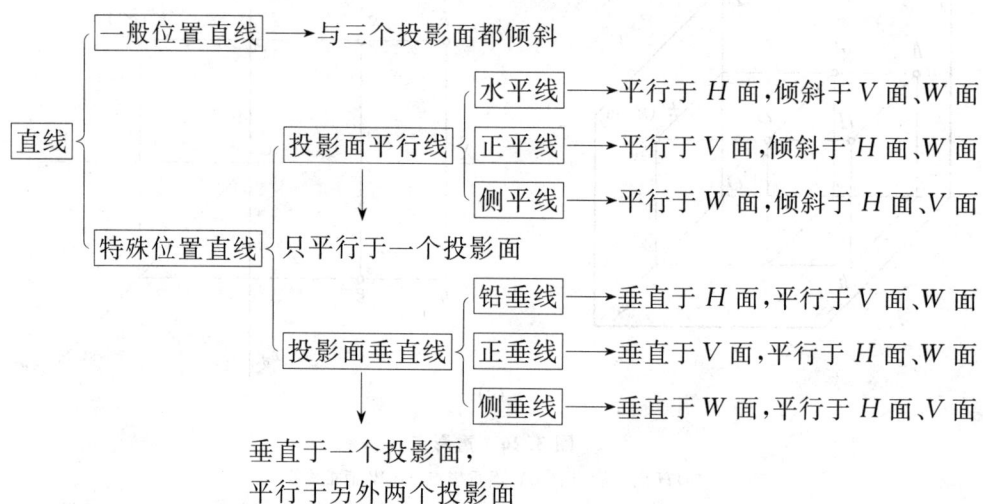

垂直于一个投影面,
平行于另外两个投影面

1. 一般位置直线的投影特性

与三个投影面都倾斜的直线称为一般位置直线,如图 3.28 所示。

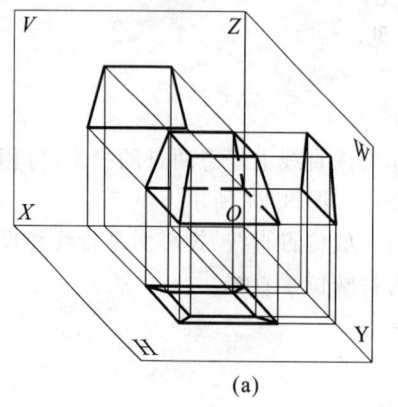
(a)

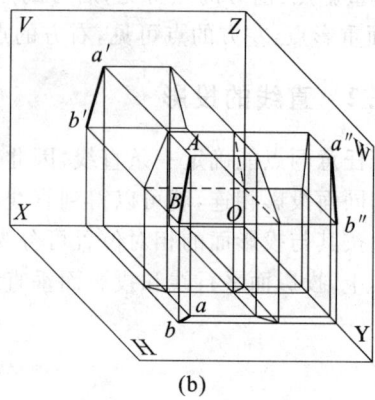
(b)

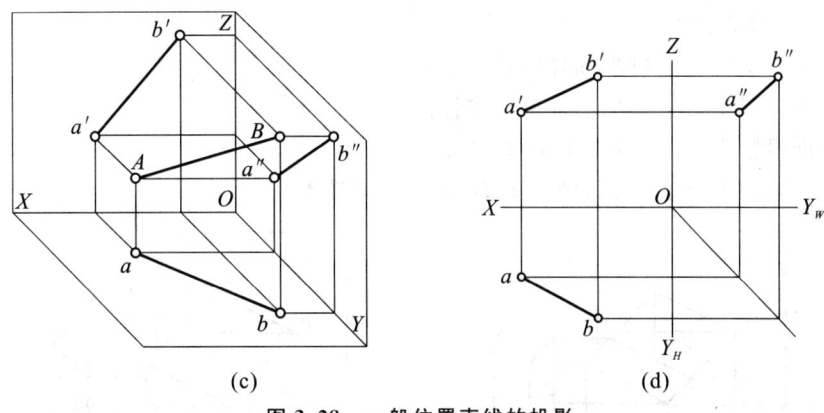

图 3.28 一般位置直线的投影

(a)四棱台的直观图;(b)四棱台中一般位置直线的投影直观图;(c)一般位置直线的直观图;(d)一般位置直线的三面投影图

一般位置直线的投影特性：

(1) 三面投影均与投影面倾斜；

(2) 三面投影长度均比直线实长短。

2. 投影面平行线的投影特性

只平行于一个投影面,与其他两个投影面都倾斜的直线称为投影面平行线。

投影面平行线按照所平行的投影面分为水平线、正平线和侧平线。

(1)水平线:平行于 H 面,倾斜于 V、W 面,如图 3.29 所示。

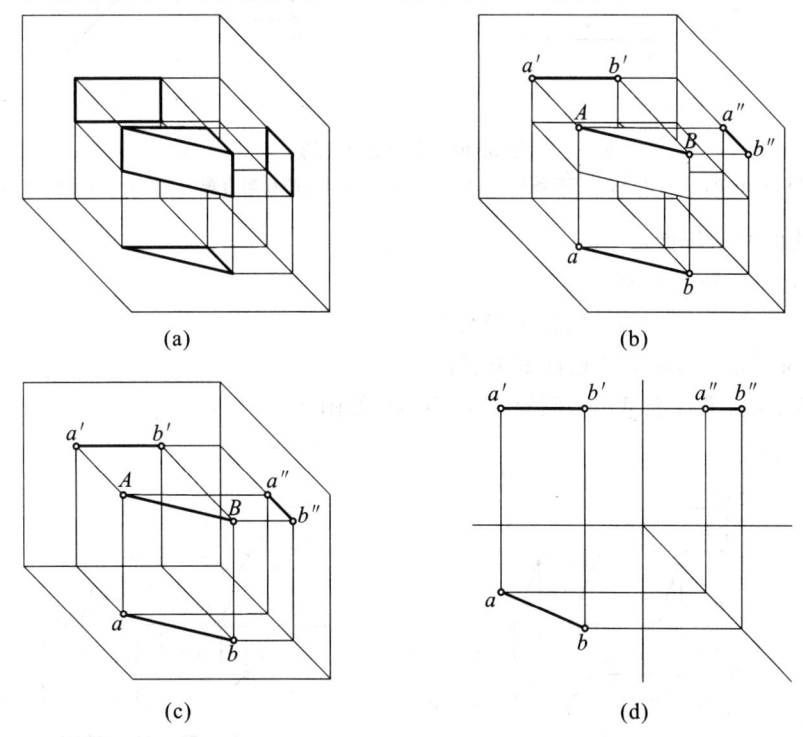

图 3.29 水平线的投影

(a)三棱柱的直观图;(b)三棱柱中水平线的投影直观图;(c)水平线的投影直观图;(d)水平线的三面正投影图

水平线的投影特性：

① 水平投影倾斜于投影轴且反映实长；

② 正面投影平行于 OX 轴且短于实长；

③ 侧面投影平行于 OY 轴且短于实长。

（2）正平线：平行于 V 面，倾斜于 H、W 面，如图 3.30 所示。

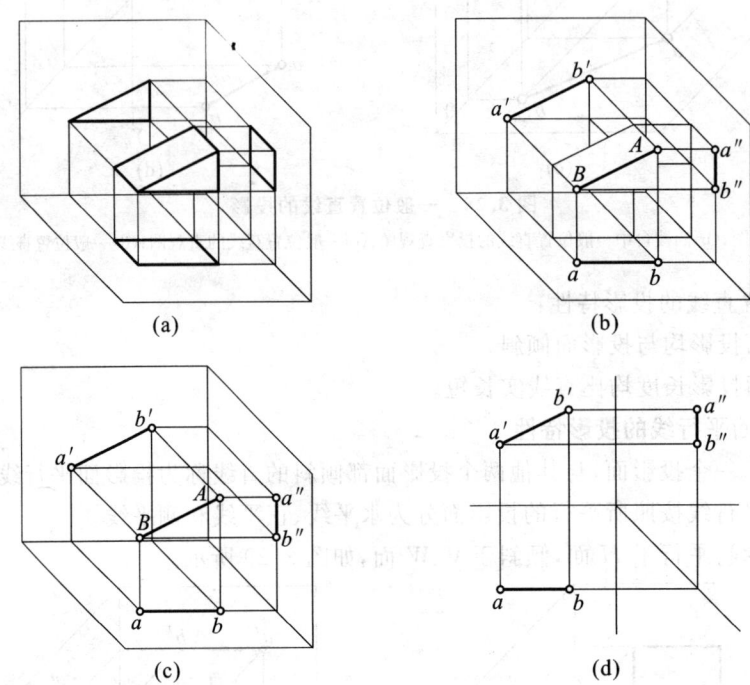

图 3.30 正平线的投影

(a)三棱柱的直观图；(b)三棱柱中正平线的投影直观图；(c)正平线的投影直观图；(d)正平线的三面正投影图

正平线的投影特性：

① 正面投影倾斜于投影轴且反映实长；

② 水平投影平行于 OX 轴且短于实长；

③ 侧面投影平行于 OZ 轴且短于实长。

（3）侧平线：平行于 W 面，倾斜于 H、V 面，如图 3.31 所示。

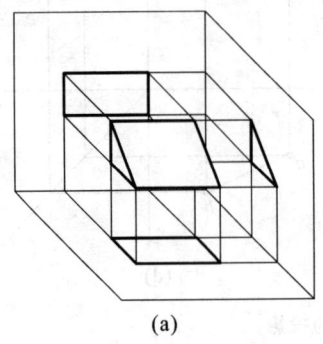
(a)

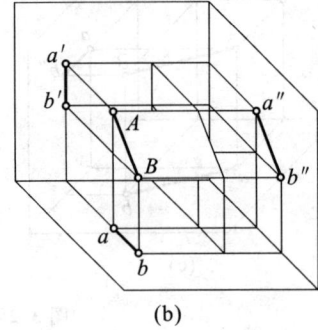
(b)

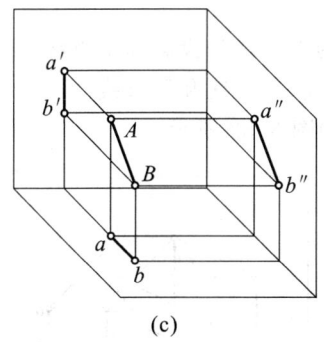
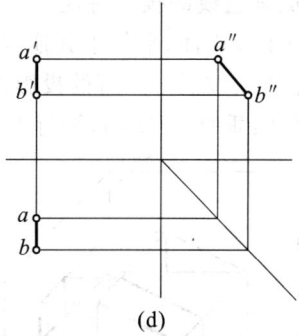

(c)　　　　　　　　　　　　(d)

图 3.31　侧平线的投影

(a)三棱柱的直观图;(b)三棱柱中侧平线的投影直观图;(c)侧平线的投影直观图;(d)侧平线的三面正投影图

侧平线的投影特性：

① 侧面投影倾斜于投影轴且反映实长；
② 水平投影平行于 OY 轴且短于实长；
③ 正面投影平行于 OZ 轴且短于实长。

投影面平行线的投影图和投影特性如表 3.2 所示。

表 3.2　投影面平行线的投影图和投影特性

名称	水平线(平行于 H 面,倾斜于 V、W 面)	正平线(平行于 V 面,倾斜于 H、W 面)	侧平线(平行于 W 面,倾斜于 H、V 面)
直观图			
投影图			
投影特性	一斜两直线： (1) 在所平行的投影面上的投影倾斜于投影轴且反映实长； (2) 其他两面投影平行于相应投影轴且短于实长		
判别方法	当空间直线的投影为"一斜两直线"时,哪面投影为斜线,空间直线即为该投影面的平行线		

3. 投影面垂直线的投影特性

垂直于一个投影面、平行于其他两个投影面的直线称为投影面垂直线。

投影面垂直线按照所垂直的投影面分为铅垂线、正垂线和侧垂线。

(1) 铅垂线：垂直于 H 面，平行于 V、W 面，如图 3.32 所示。

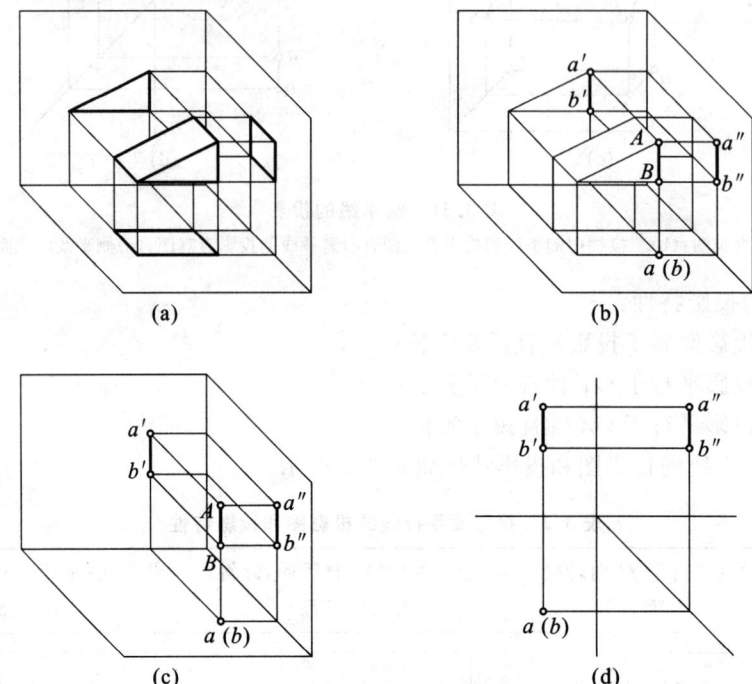

图 3.32 铅垂线的投影

(a)三棱柱的直观图；(b)三棱柱中铅垂线的投影直观图；(c)铅垂线的投影直观图；(d)铅垂线的三面正投影图

铅垂线的投影特性：

① 水平投影积聚为一点；

② 正面投影垂直于 OX 轴且反映实长；

③ 侧面投影垂直于 OY_W 轴且反映实长。

(2) 正垂线：垂直于 V 面，平行于 H、W 面，如图 3.33 所示。

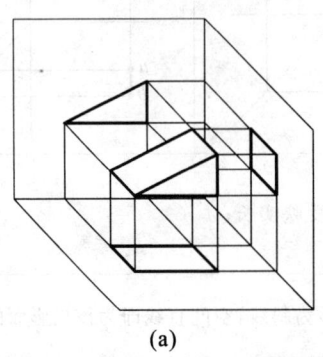

(a)

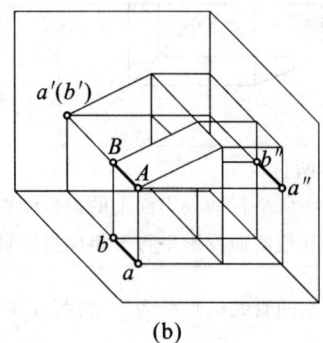

(b)

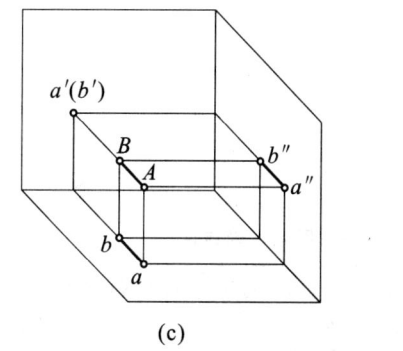 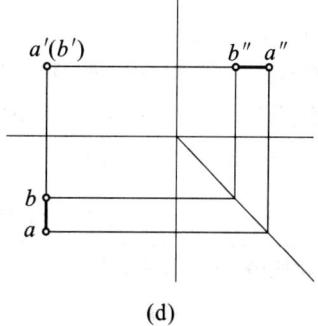

图 3.33 正垂线的投影

(a)三棱柱的投影直观图;(b)三棱柱中正垂线的投影直观图;
(c)正垂线的投影直观图;(d)正垂线的三面正投影图

正垂线的投影特性:
① 正面投影积聚为一点;
② 水平投影垂直于 OX 轴且反映实长;
③ 侧面投影垂直于 OZ 轴且反映实长。

(3)侧垂线:垂直于 W 面,平行于 H、V 面,如图 3.34 所示。

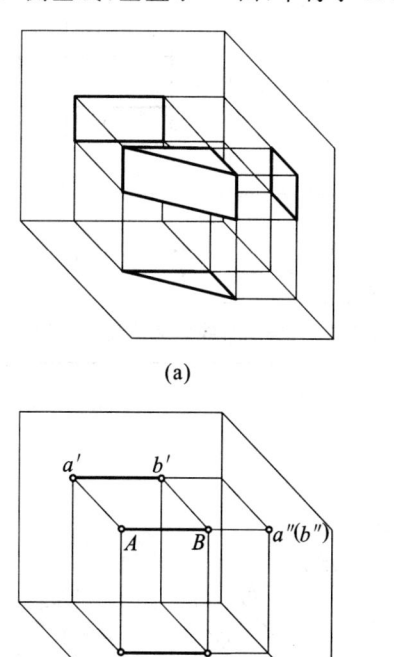 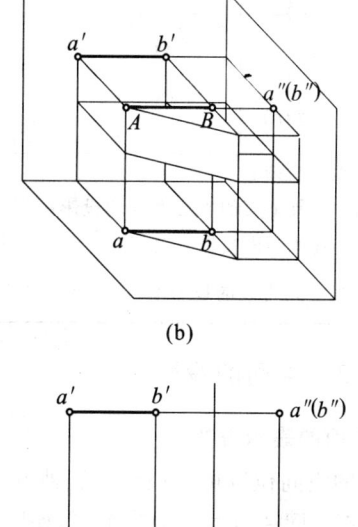

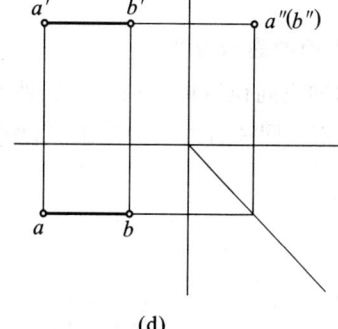

图 3.34 侧垂线的投影

(a)三棱柱的投影直观图;(b)三棱柱中侧垂线的投影直观图;(c)侧垂线的投影直观图;(d)侧垂线的三面正投影图

侧垂线的投影特性：
① 侧面投影积聚为一点；
② 水平投影垂直于 OY_H 轴且反映实长；
③ 正面投影垂直于 OZ 轴且反映实长。

投影面垂直线的投影图和投影特性如表 3.3 所示。

表 3.3　投影面垂直线的投影图和投影特性

名称	铅垂线（垂直于 H 面，平行于 V、W 面）	正垂线（垂直于 V 面，平行于 H、W 面）	侧垂线（垂直于 W 面，平行于 H、V 面）
直观图			
投影图			
投影特性	一点两直线： (1) 在所垂直的投影面上的投影积聚为一点； (2) 其他两面投影垂直于相应投影轴且反映实长		
判别方法	当空间直线的投影为"一点两直线"时，哪面投影为点，空间直线即为该投影面的垂直线		

3.3.3　平面的投影

1. 平面的表示方法

平面的空间位置可以用以下五种方法表示：
(1) 不在同一直线上的三个点，如图 3.35(a) 所示；

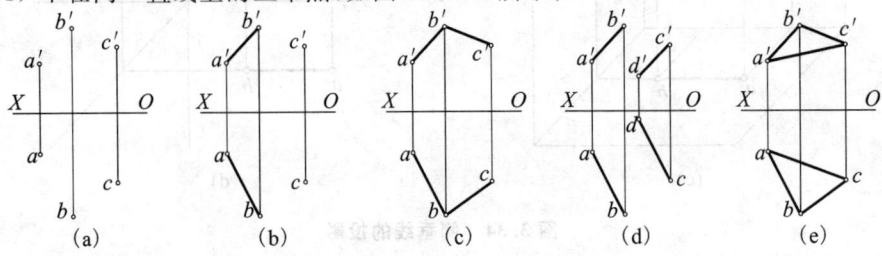

图 3.35　平面的表示方法

(2) 一条直线及直线外一点,如图 3.35(b)所示;
(3) 两条相交直线,如图 3.35(c)所示;
(4) 两条平行直线,如图 3.35(d)所示;
(5) 平面图形如三角形、平行四边形,如图 3.35(e)所示。

求作平面的投影,实质上也就是求作平面上点和线的投影。

2. 各种位置平面的投影

按照平面对投影面的相对位置,可以将三投影体系中的平面进行以下分类:

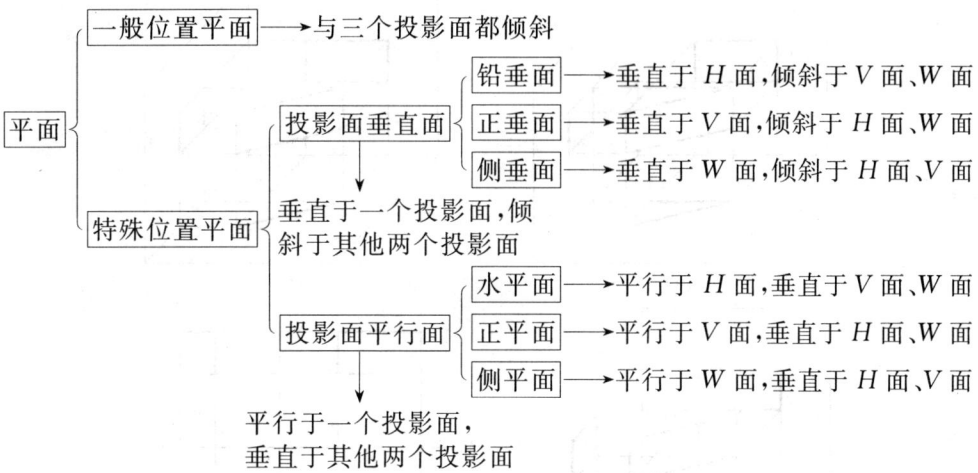

(1) 一般位置平面的投影特性

一般位置平面与三个投影面都倾斜,如图 3.36 所示。

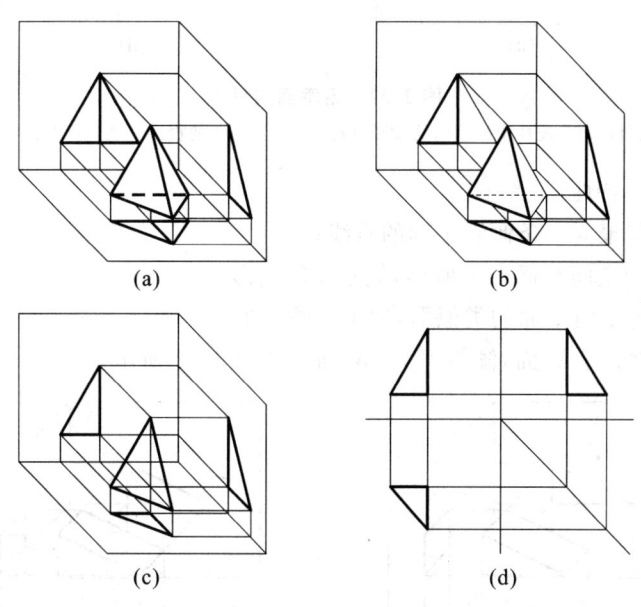

图 3.36 一般位置平面的投影

(a)三棱锥的投影直观图;(b)三棱锥中一般位置平面的投影直观图;
(c)一般位置平面的投影直观图;(d)一般位置平面的三面投影图

一般位置平面的投影特性：
各面投影均为该平面图形的近似形，既不反映实形，也不反映平面与投影面倾角的大小。
（2）投影面垂直面的投影特性

投影面垂直面垂直于一个投影面，倾斜于其他两个投影面。根据该平面所垂直的投影面可分为铅垂面、正垂面和侧垂面。

① 铅垂面：垂直于 H 面，倾斜于 V、W 面。如图 3.37 所示。

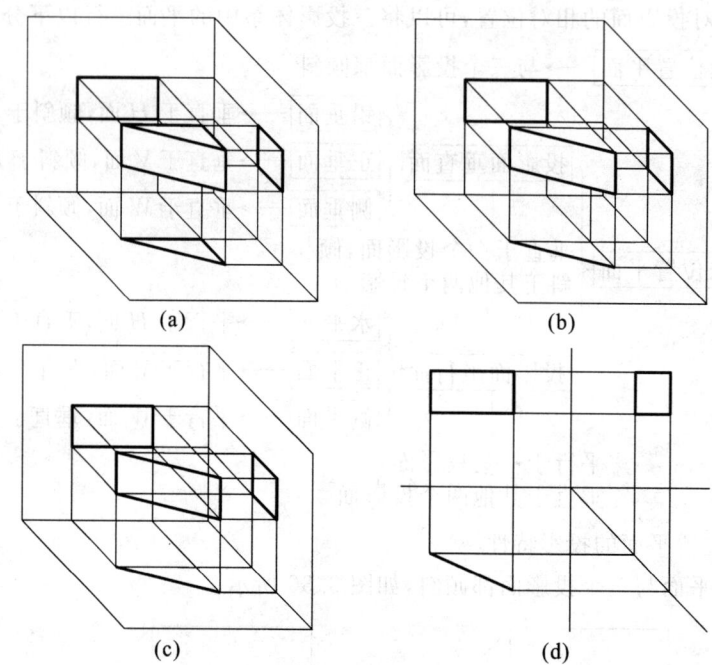

图 3.37 铅垂面的投影
(a)三棱柱的直观图；(b)三棱柱中铅垂面的投影直观图；(c)铅垂面的投影直观图；(d)铅垂面的三面投影图

铅垂面的投影特性：
a.水平投影积聚为一条倾斜于轴的直线；
b.正面投影为空间平面的类似形，但不反映实形；
c.侧面投影为空间平面的类似形，但不反映实形。

② 正垂面：垂直于 V 面，倾斜于 H、W 面。如图 3.38 所示。

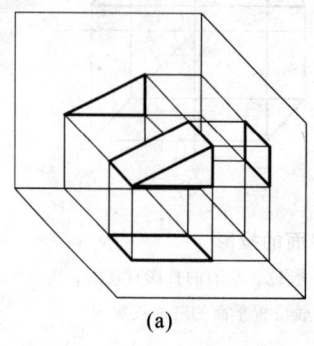
(a)

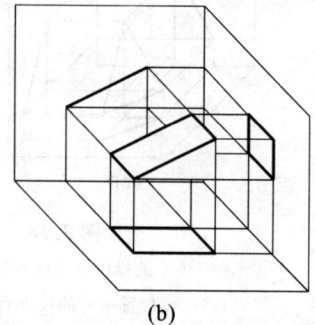
(b)

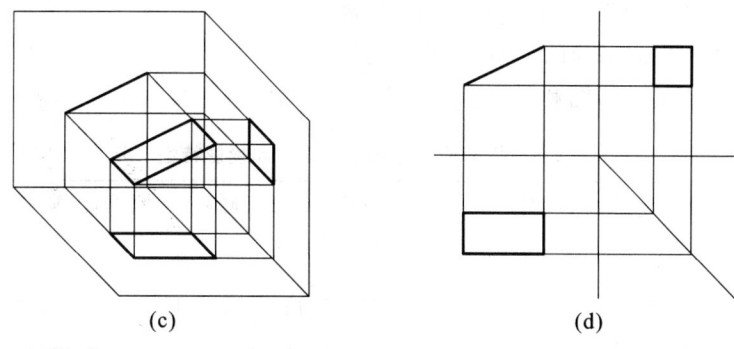

图 3.38 正垂面的投影

(a)三棱柱的投影直观图;(b)三棱柱中正垂面的投影直观图;(c)正垂面的投影直观图;(d)正垂面的三面投影图

正垂面的投影特性：

a. 正面投影积聚为一条倾斜于轴的直线；
b. 水平投影为空间平面的类似形，但不反映实形；
c. 侧面投影为空间平面的类似形，但不反映实形。

③ 侧垂面：垂直于 W 面，倾斜于 H、V 面。如图 3.39 所示。

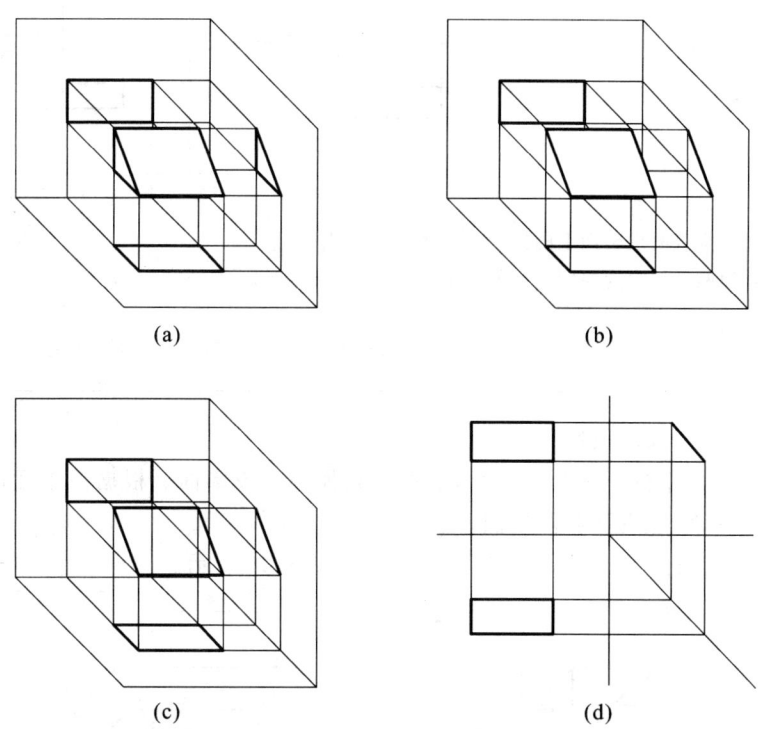

图 3.39 侧垂面的投影

(a)三棱柱的投影直观图;(b)三棱柱中侧垂面的投影直观图;(c)侧垂面的投影直观图;(d)侧垂面的三面投影图

侧垂面的投影特性：

a. 侧面投影积聚为一条倾斜于轴的直线；

b.水平投影为空间平面的类似形,但不反映实形;

c.正面投影为空间平面的类似形,但不反映实形。

投影面垂直面的投影图和投影特性如表 3.4 所示。

表 3.4 投影面垂直面的投影图和投影特性

名称	铅垂面(垂直于 H 面,倾斜于 V、W 面)	正垂面(垂直于 V 面,倾斜于 H、W 面)	侧垂面(垂直于 W 面,倾斜于 H、V 面)
直观图	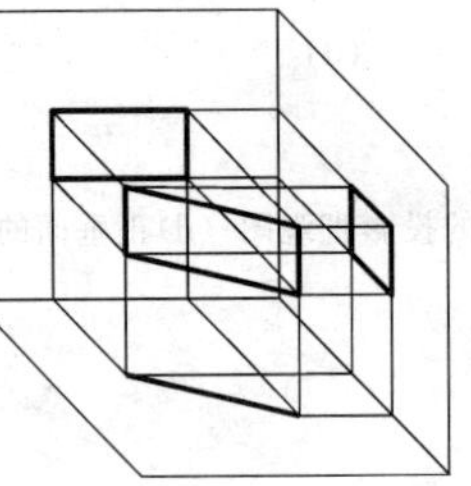	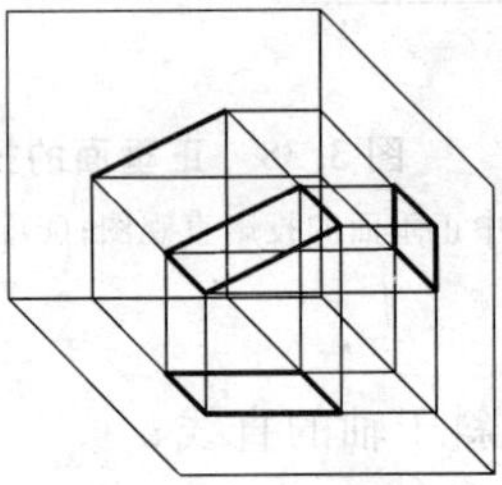	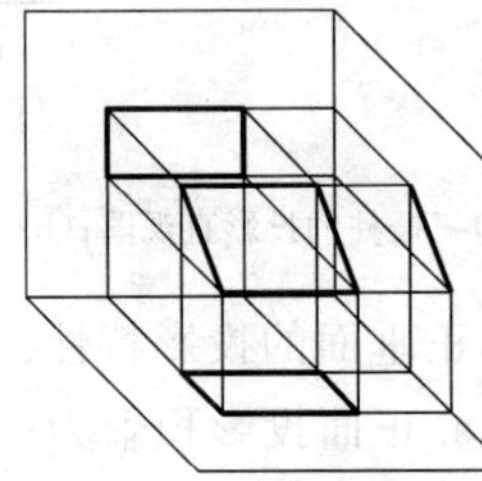
投影图	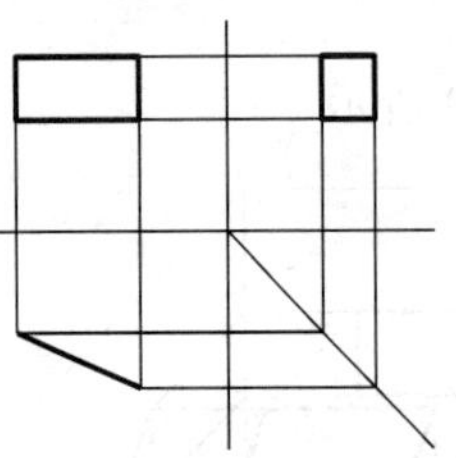	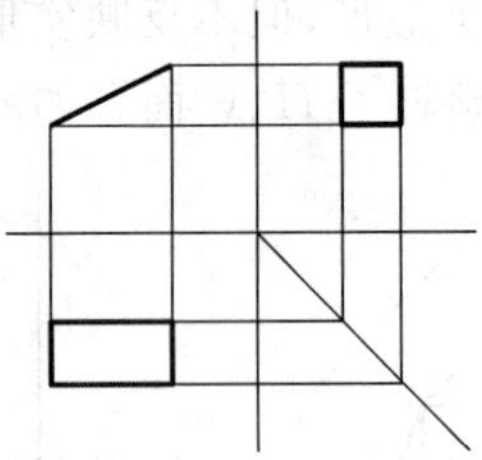	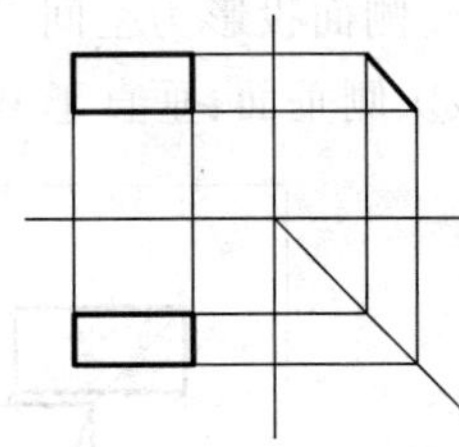
投影特性	两框一斜线: (1)在所垂直的投影面上的投影积聚为一条斜线; (2)其他两面投影为空间平面的类似形,但不反映实形		
判别方法	当空间直线的投影为"两框一斜线"时,哪面投影为斜线,空间直线即为该投影面的垂直面		

(3)投影面平行面的投影特性

投影面平行面平行于一个投影面,垂直于其他两个投影面。根据该平面所平行的投影面可分为水平面、正平面和侧平面。

① 水平面:平行于 H 面,垂直于 V、W 面,如图 3.40 所示。

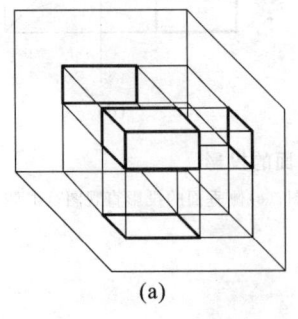
(a)
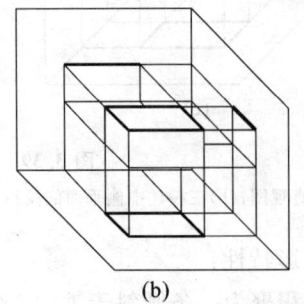
(b)

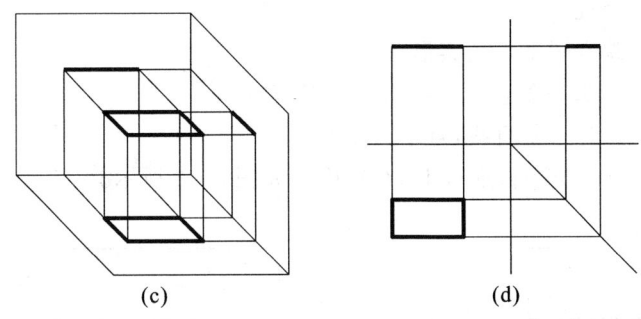

图 3.40 水平面的投影

(a)四棱柱的投影直观图;(b)四棱柱中水平面的投影直观图;(c)水平面的投影直观图;(d)水平面的三面投影图

水平面的投影特性:

a. 水平投影反映空间平面的实形;

b. 正面投影积聚为一条直线,且平行于 OX 轴;

c. 侧面投影积聚为一条直线,且平行于 OY_W 轴。

② 正平面:平行于 V 面,垂直于 H、W 面。如图 3.41 所示。

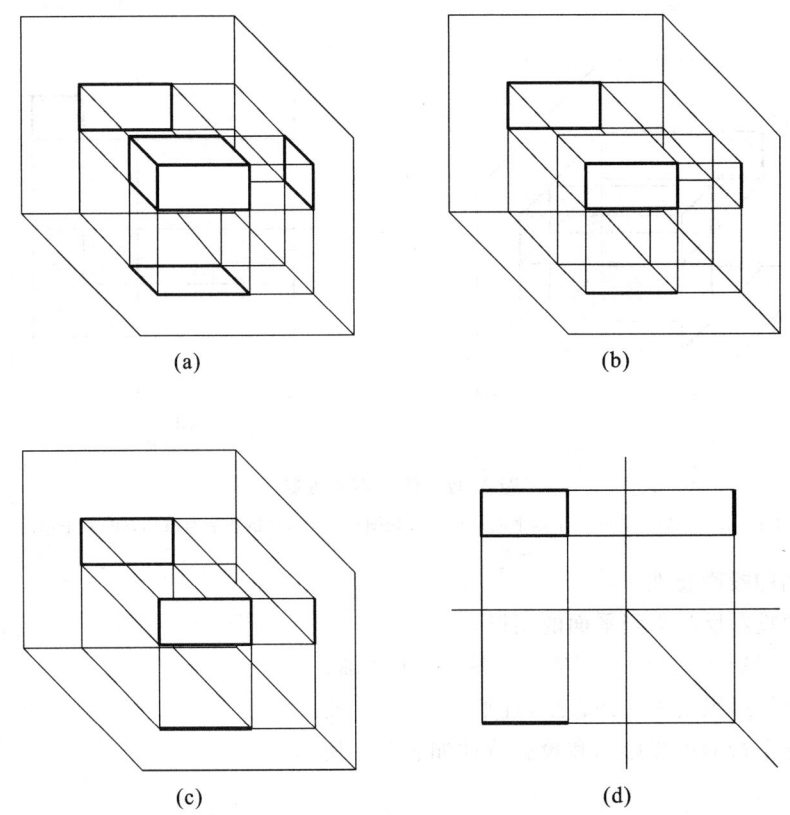

图 3.41 正平面的投影

(a)四棱柱的投影直观图;(b)四棱柱中正平面的投影直观图;(c)正平面的投影直观图;(d)正平面的三面投影图

正平面的投影特性：

a. 正面投影反映空间平面的实形；

b. 水平投影积聚为一条直线，且平行于 OX 轴；

c. 侧面投影积聚为一条直线，且平行于 OZ 轴。

③ 侧平面：平行于 W 面，垂直于 H、V 面。如图 3.42 所示。

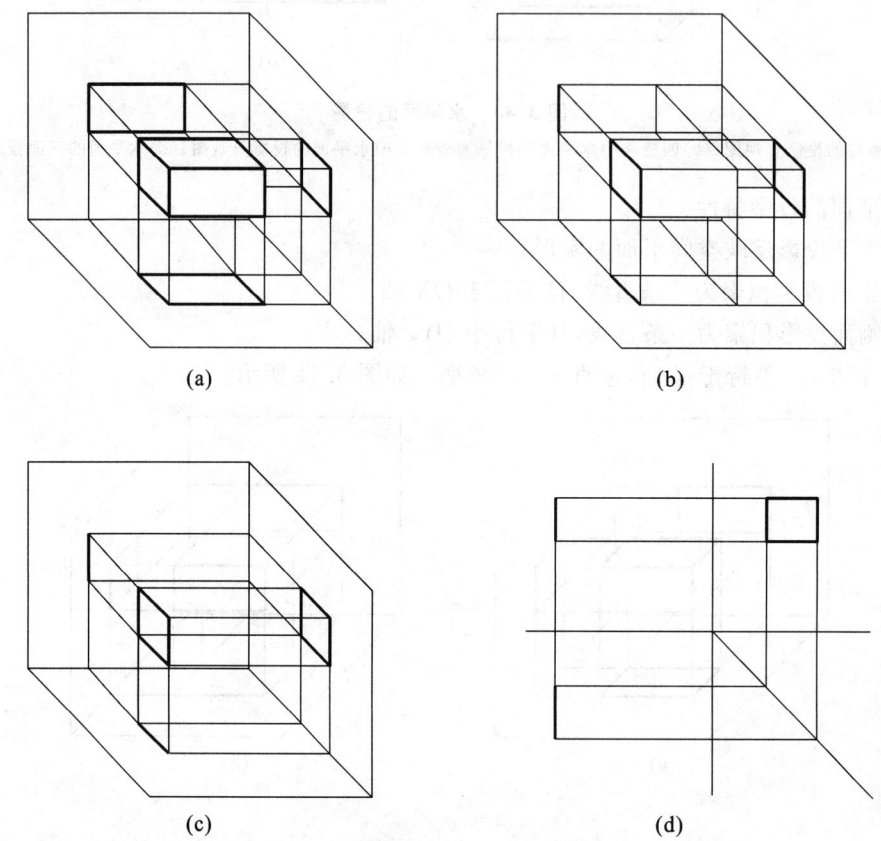

图 3.42 侧平面的投影

(a)四棱柱的投影直观图；(b)四棱柱中侧平面的投影直观图；(c)侧平面的投影直观图；(d)侧平面的三面投影图

侧平面的投影特性：

a. 侧面投影反映空间平面的实形；

b. 正面投影积聚为一条直线，且平行于 OZ 轴；

c. 水平投影积聚为一条直线，且平行于 OY_H 轴。

投影面平行面的投影图和投影特性如表 3.5 所示。

表 3.5 投影面平行面的投影图和投影特性

名称	水平面(平行于 H 面,垂直于 V、W 面)	正平面(平行于 V 面,垂直于 H、W 面)	侧平面(平行于 W 面,垂直于 H、V 面)
直观图	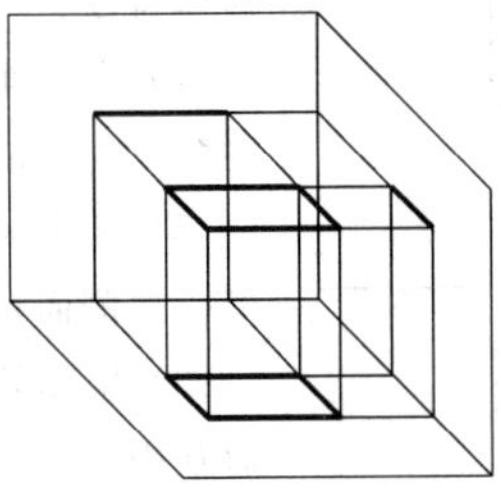	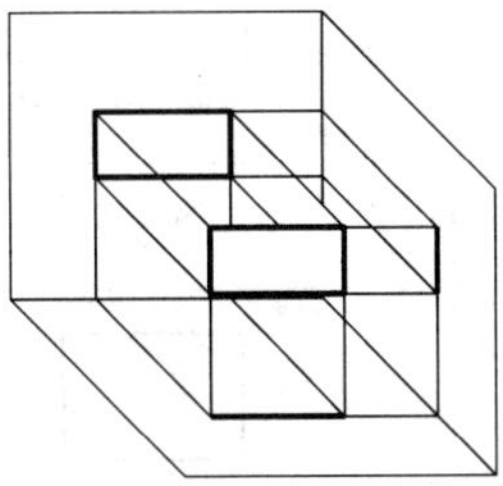	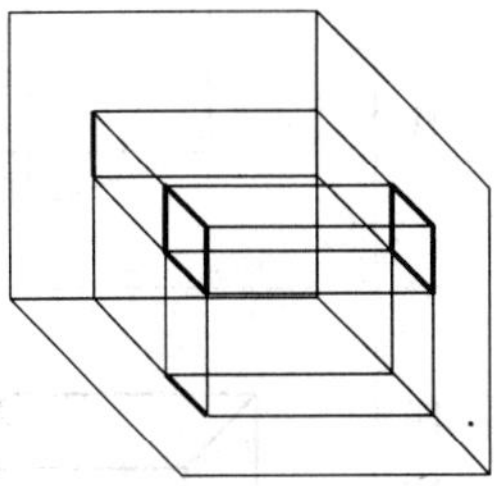
投影图	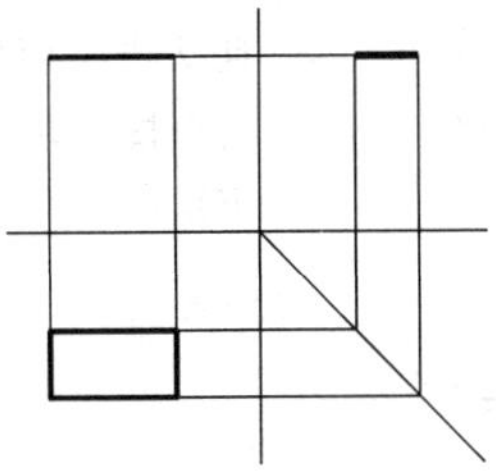	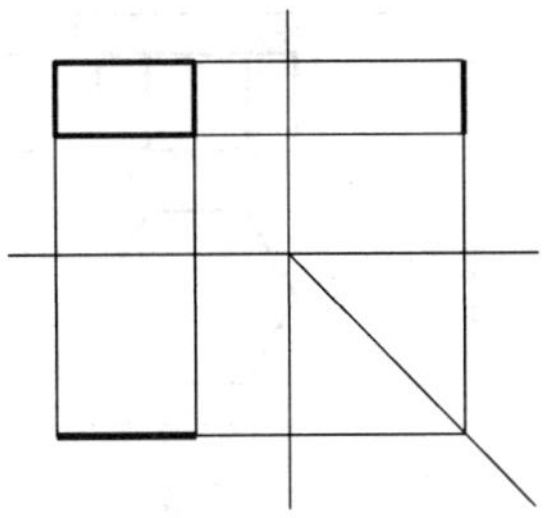	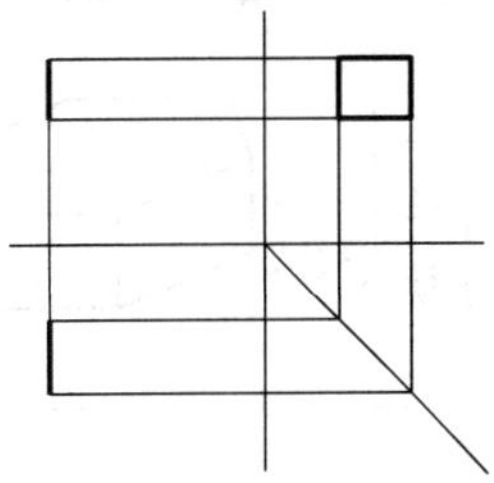
投影特性	一框两直线： (1) 在所平行的投影面上的投影反映实形； (2) 其他两面投影积聚为一条直线,且平行于相应投影轴		
判别方法	当空间直线的投影为"一框两直线"时,哪面投影为"框",空间直线即为该投影面的平行面		

3.4 简单形体的投影

点组成了线,线组成了面,面组成了体,因此,求作体的投影实际上是求作体表面的点、线和面的投影。

任何复杂的立体都可以分解为具有简单几何形状的基本几何体。常见的基本几何体可以分为两大类：平面体和曲面体。由平面围成的基本几何体称为**平面体**,如棱柱、棱锥、棱台；由曲面或平面和曲面围成的基本几何体称为**曲面体**,如圆柱、圆锥、圆台、球等。建筑工程图中绝大部分的形体都属于平面体。

3.4.1 简单平面体的投影

简单平面体的投影特性如表 3.6 所示。

表 3.6 简单平面体的投影特性

平面体		直观图	投影图	简单平面体的投影特性
棱柱	三棱柱	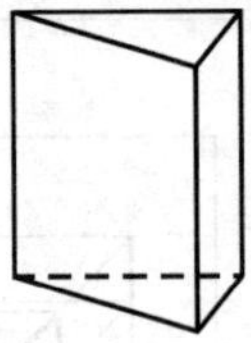	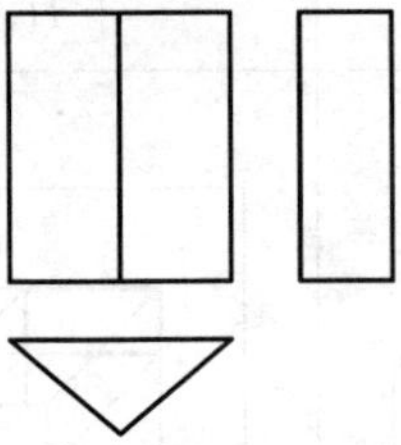	形体特征： （1）有两个互相平行的全等多边形——底面； （2）其余各面都是矩形——侧面； （3）相邻侧面的公共边互相平行——侧棱。 投影特性： 一个投影为多边形，且反映底面实形；其余两个投影为一个或若干个矩形
	四棱柱	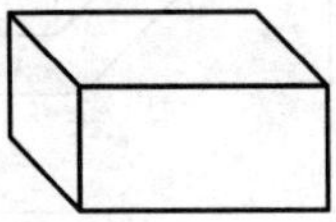	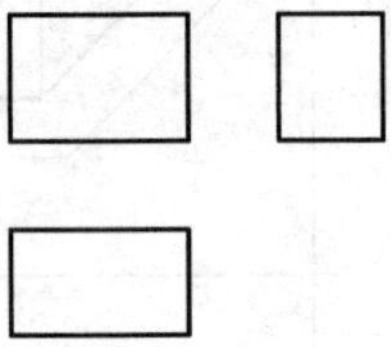	
	六棱柱	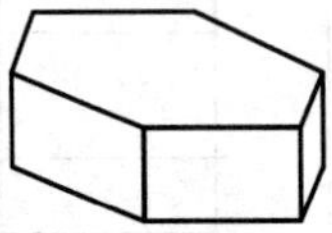	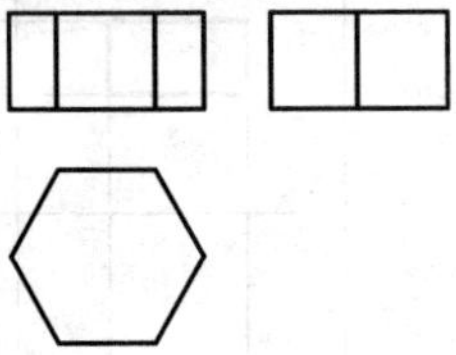	
棱锥	三棱锥	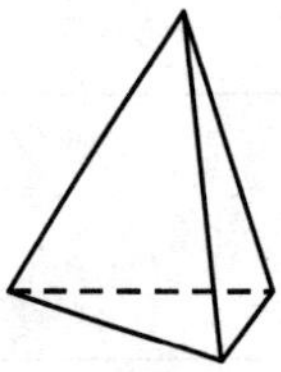	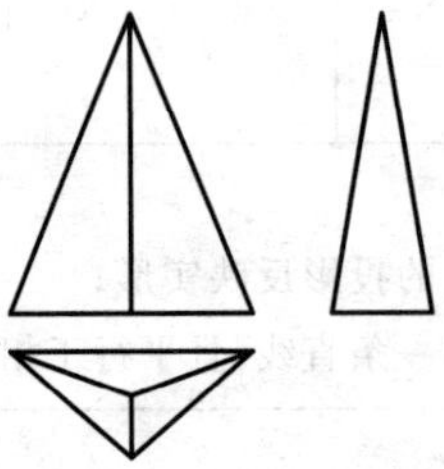	形体特征： （1）有一个多边形——底面； （2）其余各面是有公共顶点的三角形； （3）过顶点所作棱锥底面的垂线是棱锥的高，垂足在底面的中心上。 投影特性： 一个投影为多边形，内有与多边形边数相同个数的三角形；另两个投影都是有公共顶点的若干个三角形。
	四棱锥	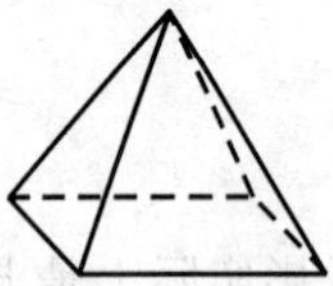	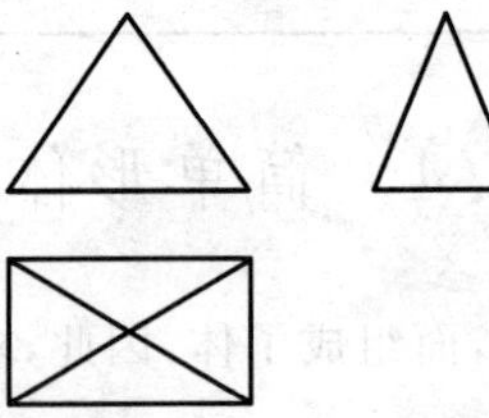	
	六棱锥	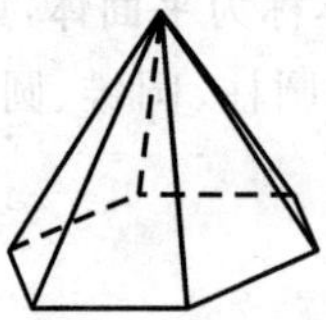	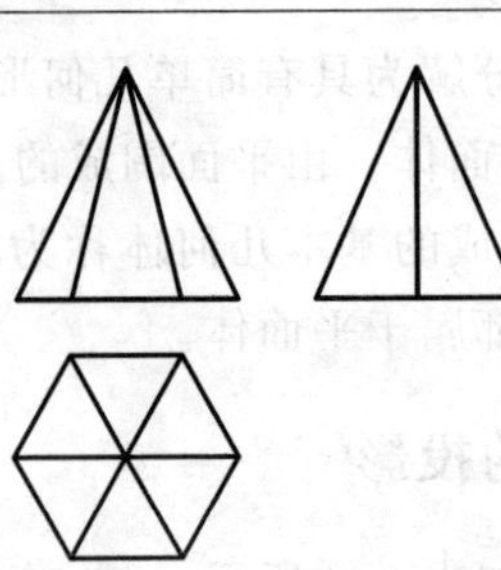	

续表 3.6

平面体		直观图	投影图	简单平面体的投影特性
棱台	三棱台	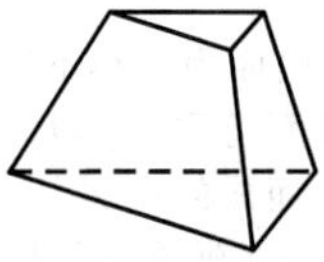	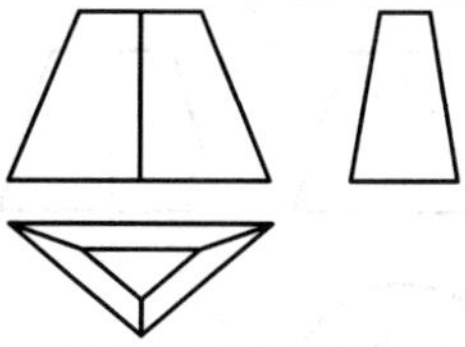	形体特征： （1）有两个互相平行的相似多边形——底面； （2）其余各面是有公共顶点的梯形； （3）两底面中心的连线是正棱台的高。 投影特性： 一个投影中有两个相似的多边形，内有与多边形边数相同个数的梯形；另两个投影都为若干个梯形
	四棱台	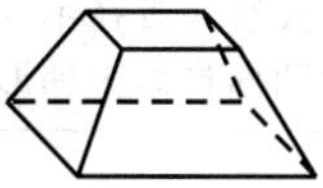	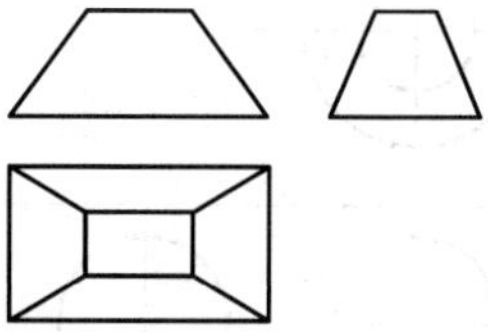	
	六棱台	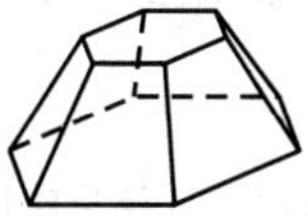	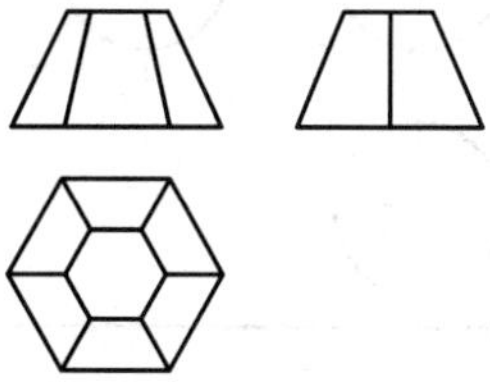	

3.4.2 简单曲面体的投影

简单曲面体的投影特性如表 3.7 所示。

表 3.7 简单曲面体的投影特性

曲面体	直观图	投影图	简单曲面体的投影特性
圆柱	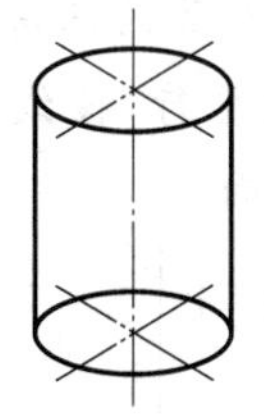	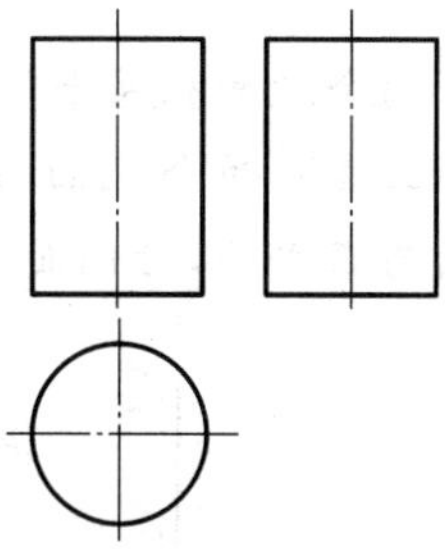	形体特征： （1）有两个全等且平行的圆——底面； （2）圆柱面可作是母线绕与它平行的轴线旋转而成； （3）所有素线相互平行。 投影特性： （1）一面投影为反映底面实形的圆； （2）其他两面投影为矩形
圆锥	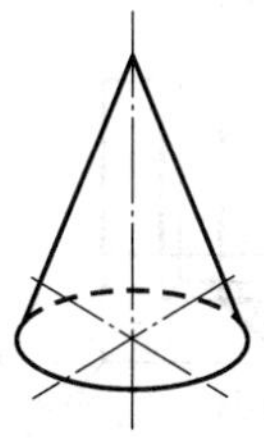	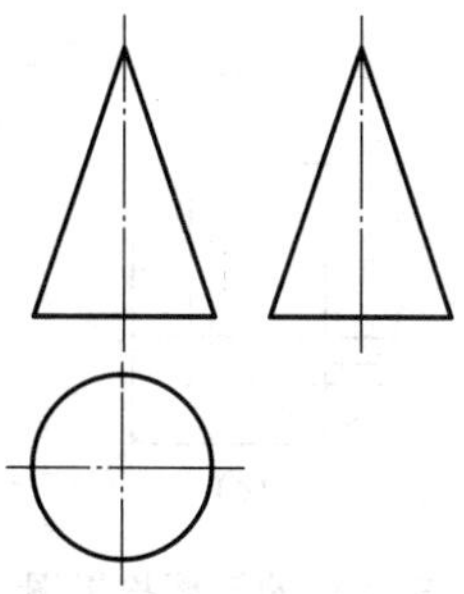	形体特征： （1）底面为圆； （2）圆锥面可看作是母线绕与它相交的轴线旋转而成； （3）所有素线相交于圆锥顶点。 投影特性： （1）一面投影为反映底面实形的圆； （2）其他两面投影为三角形

续表 3.7

平面体	直观图	投影图	简单曲面体的投影特性
圆台			形体特征： (1) 上下底面为大小不等且平行的圆； (2) 圆台面可看作是母线绕与它倾斜的轴线旋转而成的； (3) 所有素线延长后交于一点。 投影特性： (1) 一面投影为直径不等的同心圆； (2) 其他两面投影为梯形
球			形体特征： (1) 球面可看作是母线圆绕直径为轴线旋转而成； (2) 所有素线均为直径与球径相等的圆。 投影特性： 三面投影均为直径与球径相等的圆

3.4.3 简单形体投影图的绘制

1. 平面体投影图的绘制

绘制平面体的三面正投影图，首先要确定形体在三面投影体系中的位置（放置的原则是让形体的表面和棱线尽量平行或垂直于投影面）。绘制平面体的投影实际上就是绘制平面体底面和侧表面的投影，一般先画出反映底面实形的正投影图，然后再根据投影规律画出其他两面投影。

【例 3.3】 绘制三棱柱的三面投影图。

分析：如图 3.43 所示，三棱柱的上、下两个底面相互平行，且为全等的三角形，三个侧面均为矩形。在三面正投影体系中，使正三棱柱两个底面与 H 面平行，棱线与 H 面垂直。此时上、下底面为水平面，前两个侧面为正垂面，后侧面为正平面。

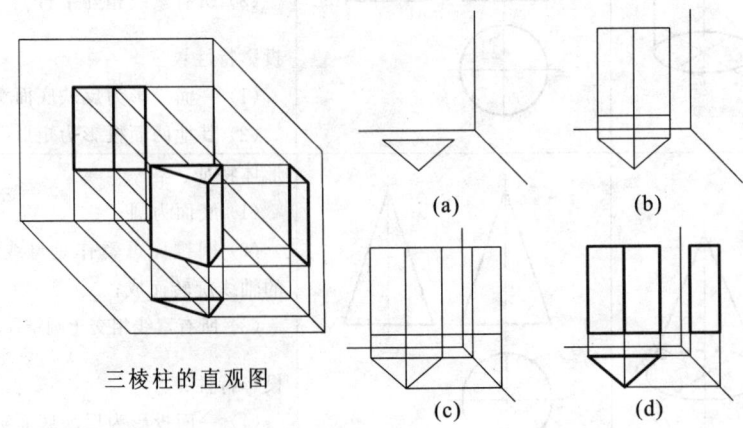

图 3.43 绘制三棱柱的三面投影图

作图步骤：

(1) 在 H 面绘制出反映底面实形的三角形，如图 3.43(a)所示；

(2) 根据"长对正"的原理和正三棱柱的高度画出 V 面投影，如图 3.43(b)所示；

(3) 根据"高平齐、宽相等"画出 W 面投影，如图 3.43(c)所示；

(4) 加深投影图，如图 3.43(d)所示。

【例 3.4】 绘制四棱柱的三面投影图。

分析： 如图 3.44 所示，四棱柱的上下两个底面相互平行，且为全等的矩形，四个侧面均为矩形。在三面正投影体系中，使四棱柱两个底面与 H 面平行，棱线与 H 面垂直。此时两个底面为水平面，前、后侧面为正平面，左右侧面为侧平面。

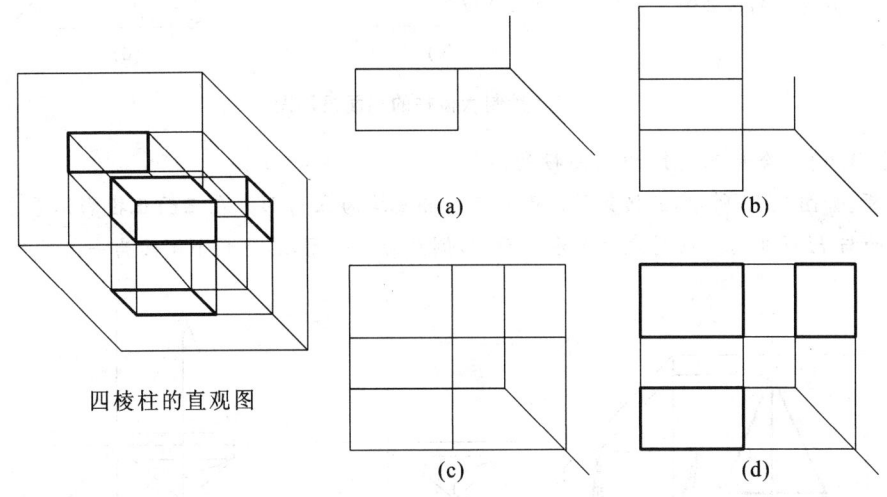

图 3.44　绘制四棱柱的三面投影图

作图步骤：

(1) 在 H 面绘制出反映底面实形的矩形，如图 3.44(a)所示；

(2) 根据"长对正"的原理和四棱柱的高度画出 V 面投影，如图 3.44(b)所示；

(3) 根据"高平齐、宽相等"画出 W 面投影，如图 3.44(c)所示；

(4) 加深投影图，如图 3.44(d)所示。

*【例 3.5】** 绘制六棱柱的三面投影图。

分析： 如图 3.45 所示，六棱柱的上、下两个底面相互平行，且为全等的正六边形，六个侧面均为矩形。在三面正投影体系中，使六棱柱两个底面与 H 面平行，棱线与 H 面垂直。此时两个底面为水平面，前、后侧面为正平面，其他四个侧面为铅垂面。

作图步骤：

(1) 在 H 面绘制出反映底面实形的六边形，如图 3.45(a)所示；

(2) 根据"长对正"的原理和六棱柱的高度画出 V 面投影，如图 3.45(b)所示；

(3) 根据"高平齐、宽相等"画出 W 面投影，如图 3.45(c)所示；

(4) 加深投影图，如图 3.45(d)所示。

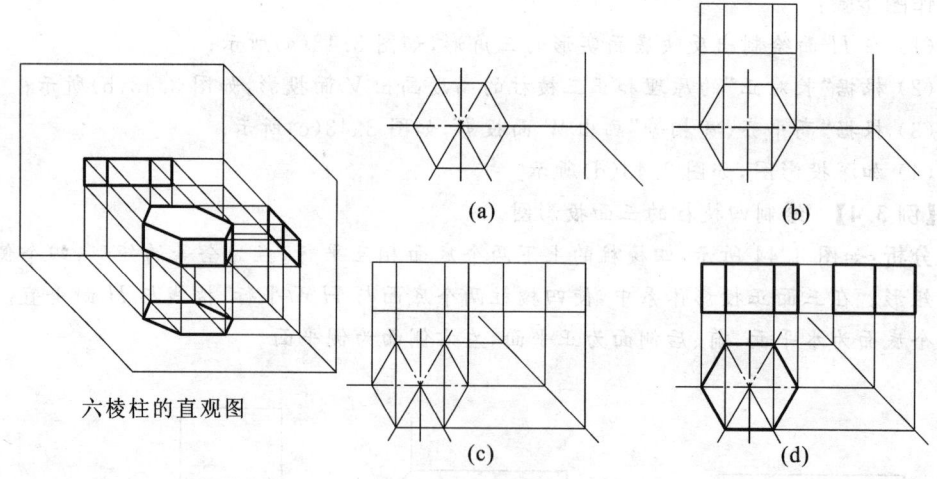

六棱柱的直观图

图 3.45 绘制六棱柱的三面投影图

【例 3.6】 绘制三棱锥的三面投影图。

分析:如图 3.46 所示,三棱锥的底面和三个侧面均为三角形。在三面正投影体系中,使三棱锥底面与 H 面平行。此时底面为水平面,后侧面为正平面,其他两个侧面为一般位置平面。

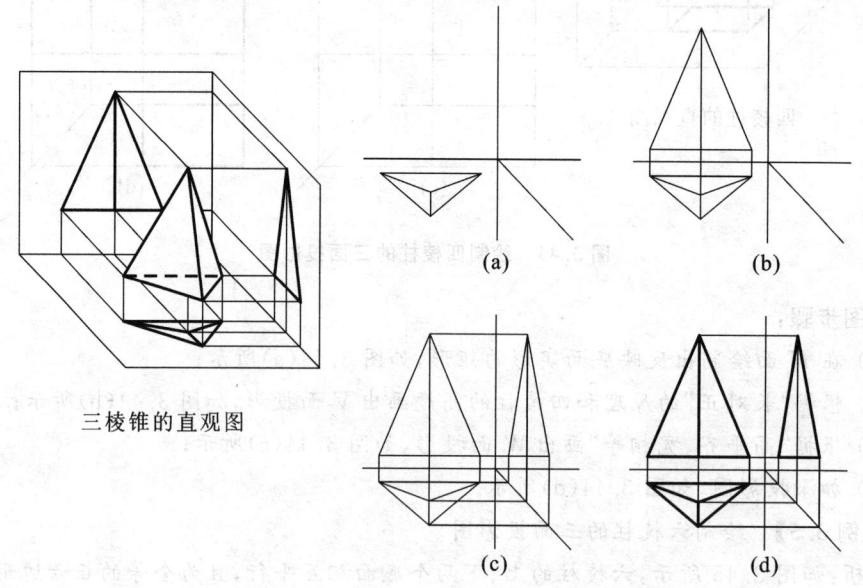

三棱锥的直观图

图 3.46 绘制三棱锥的三面投影图

作图步骤:

(1) 在 H 面绘制出反映底面实形的三角形,如图 3.46(a)所示;

(2) 根据"长对正"的原理和三棱柱的高度画出 V 面投影,如图 3.46(b)所示;

(3) 根据"高平齐、宽相等"画出 W 面投影,如图 3.46(c)所示;

(4) 加深投影图,如图 3.46(d)所示。

*【例 3.7】 绘制三棱台的三面投影图。

分析：如图 3.47 所示，三棱台有两个互相平行且相似的底面，三个侧面均为梯形。在三面正投影体系中，使三棱台底面与 H 面平行。此时两个底面均为水平面，后侧面为正平面，其他两个侧面为一般位置平面。

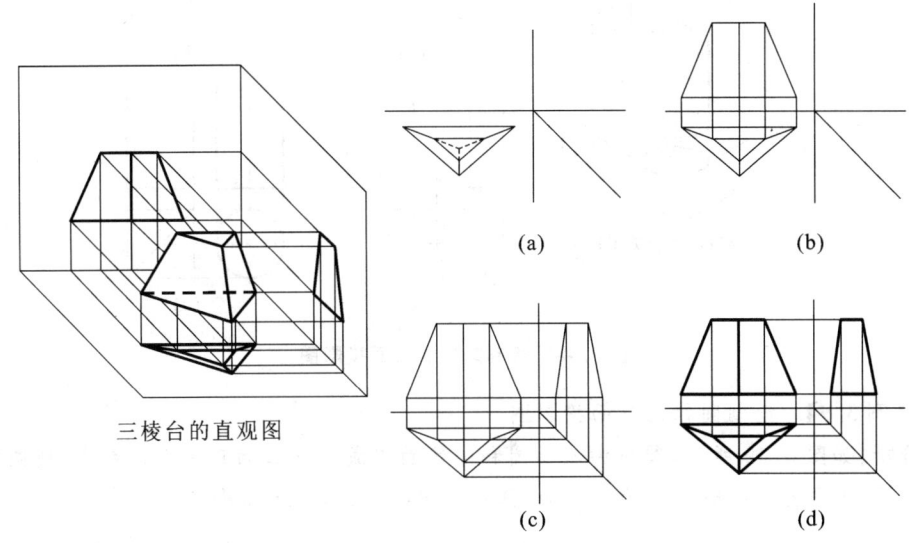

三棱台的直观图

图 3.47 绘制三棱台的三面投影图

作图步骤：

(1) 在 H 面绘制出反映上下底面实形的三角形及三条棱线。注意：三条棱线相交于一点，如图 3.47(a)所示。

(2) 根据"长对正"的原理和三棱柱的高度画出 V 面投影，如图 3.47(b)所示。

(3) 根据"高平齐、宽相等"画出 W 面投影，如图 3.47(c)所示。

(4) 加深投影图，如图 3.47(d)所示。

2. 简单曲面体投影图的绘制

*【例 3.8】 绘制圆柱的三面投影图。

分析：如图 3.48 所示，圆柱由两个互相平行且全等的底面圆和圆柱面组成。在三面正投影体系中，使圆柱的两个底面与 H 面平行。此时两个底面均为水平面，圆柱面与 H 面垂直。

作图步骤：

(1) 在 H 面绘制出反映上下底面实形的圆，如图 3.48(a)所示。

(2) 根据"长对正"的原理和圆柱的高度画出 V 面投影。V 面投影是一个矩形，它是由上下底面有积聚性的投影和左右素线的投影所围成的，如图 3.48(b)所示。

(3) 根据"高平齐、宽相等"画出 W 面投影。W 面投影也是一个矩形，它是由上下底面有积聚性的投影和前后素线的投影所围成的，如图 3.48(c)所示。

(4) 加深投影图，如图 3.48(d)所示。

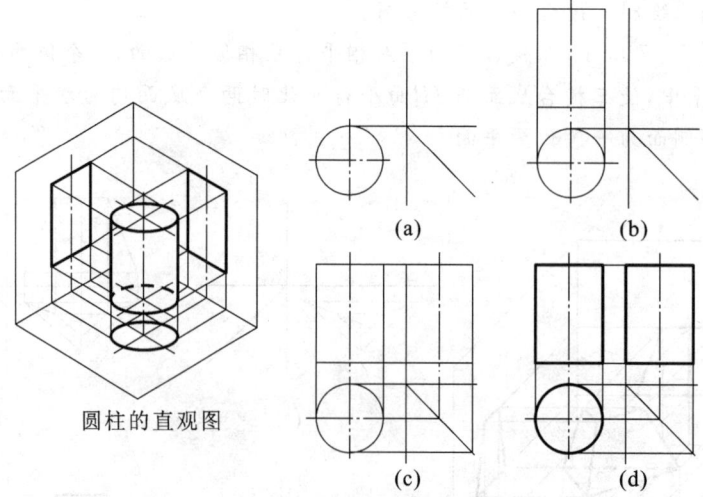

图 3.48 绘制圆柱的三面投影图

【例 3.9】 绘制圆锥的三面投影图。

分析： 如图 3.49 所示，圆锥由底面圆和圆锥面组成。在三面正投影体系中，使圆锥的底面与 H 面平行。此时底面为水平面，圆锥的中心轴线与 H 面垂直。

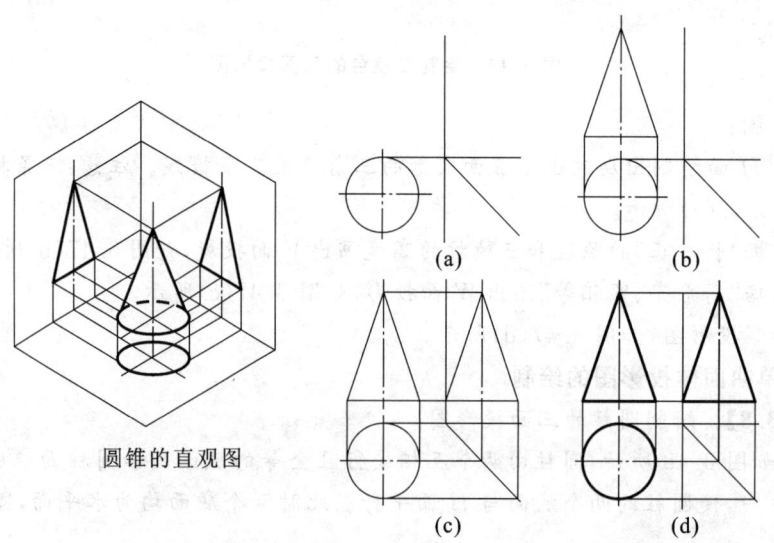

图 3.49 绘制圆锥的三面投影图

作图步骤：

(1) 在 H 面绘制出反映底面实形的圆，如图 3.49(a)所示。

(2) 根据"长对正"的原理和圆锥的高度画出 V 面投影。V 面投影是一个三角形，它是由底面有积聚性的投影和左右素线的投影所围成的，如图 3.49(b)所示。

(3) 根据"高平齐、宽相等"画出 W 面投影。W 面投影也是一个三角形，它是由底面有积聚性的投影和前后素线的投影所围成的，如图 3.49(c)所示。

(4) 加深投影图，如图 3.49(d)所示。

3.5 建筑形体的投影

知识拓展

著名建筑欣赏

图 3.50 胡夫金字塔

位于埃及首都开罗西南约 100 公里吉萨高地的胡夫金字塔是埃及现存规模最大的金字塔,被喻为"世界古代七大奇迹"之一。如图 3.50 所示。

一般地,金字塔的基座为正三角形或正方形,也可能是其他的正多边形,侧面由多个三角形或梯形的面相接而成,顶部面积非常小,甚至成尖顶状。

五角大楼(The Pentagon),又称五角大厦,位于美国华盛顿特区西南方的弗吉尼亚州阿灵顿县,是美国国防部办公地,美国最高军事指挥机关所在地(见图 3.51)。于 2001 年发生"9·11 事件"。

从空中俯瞰,该建筑呈正五边形,故名"五角大楼"。

基于可利用的土地面积和建筑形状的限制(正方形或矩形占地面积过大),五边形被认为是这座大楼最佳的建筑形状。

图 3.51 美国五角大楼

图 3.52 国家体育场——"鸟巢"

中国国家体育场是 2008 年北京奥运会的主场馆,由于造型独特又俗称"鸟巢"。"鸟巢"外形结构主要是由巨大的门式钢架组成,共有 24 根桁架柱,建筑顶面呈鞍形。如图 3.52 所示。

中国国家游泳中心又被称为"水立方"（Water Cube），是 2008 年北京奥运会标志性建筑物之一（见图 3.53）。它的设计方案是经全球设计竞赛产生的"水的立方"（$[H_2O]^3$）方案。

这个看似简单的"方盒子"是中国传统文化和现代科技共同"搭建"而成的。在中国传统文化中，"天圆地方"的设计思想催生了"水立方"，它与圆形的"鸟巢"——国家体育场相互呼应，相得益彰。

图 3.53　国家游泳中心——"水立方"

建筑物或构筑物及其构件都是由一些几何体组成的，如图 3.54 所示。

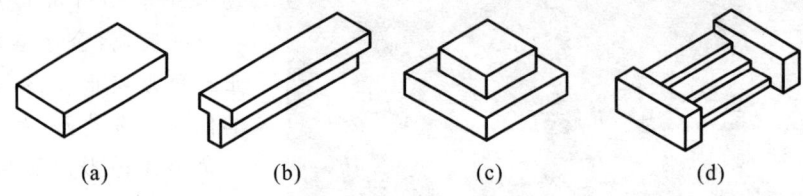

图 3.54　简单建筑形体
(a)标准砖；(b)T 形梁；(c)柱基础；(d)台阶

3.5.1　建筑形体的形成方法

1. 叠加法

叠加法是指由若干个基本体叠加形成建筑或其构件的方法，如图 3.55 所示，组合体均可以分解为两个基本几何形体。形体 A 可以分解为两个不同的四棱柱；形体 B 可以分解为一个三棱柱和一个四棱柱；形体 C 可以分解为一个圆柱和一个四棱柱；形体 D 可以分解为两个不同直径的圆柱；形体 E 可以分解为一个四棱柱和一个圆柱。

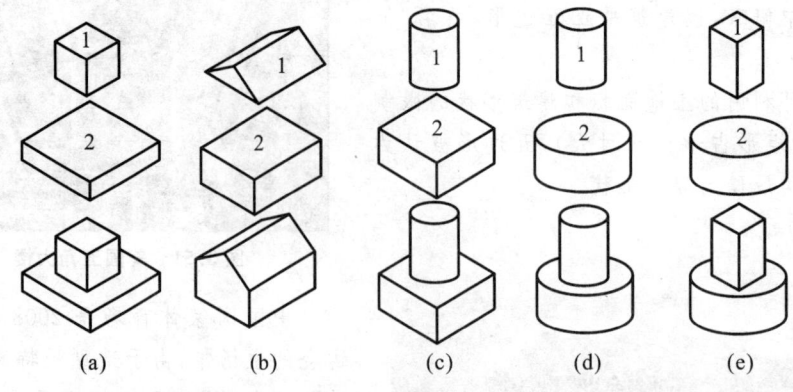

图 3.55　叠加法
(a)形体 A；(b)形体 B；(c)形体 C；(d)形体 D；(e)形体 E

2. 切割法

切割法是指由基本体切去一部分或几部分后形成建筑或其构件的方法，如图 3.56 所示,组合体均可以看作是四棱柱经过切割以后得到。形体 F 可以看作是一个四棱柱切去两个小四棱柱后得到的;形体 G 可以看作是一个四棱柱切去一个小三棱柱后得到的。

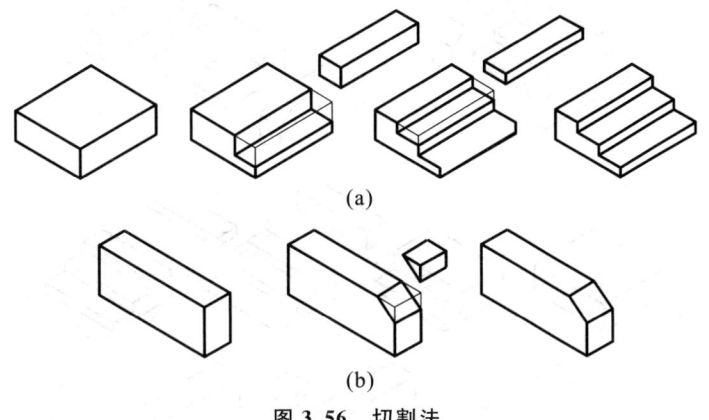

图 3.56 切割法
(a)形体 F;(b)形体 G

3. 混合法

混合法指在建筑形体形成过程中既有叠加又有切割的方法,如图 3.57 所示,形体可以看作是图 3.56 所示切割体 F 和 G 组合而成。

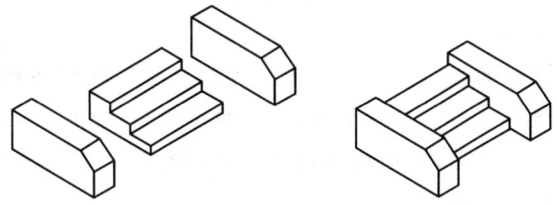

图 3.57 混合法

3.5.2 建筑形体投影的画图步骤

1. 形体分析

所谓形体分析,是指分析建筑形体由哪些基本体采用什么形成方式形成。

图 3.58 中的台阶,将其分解后可知,由两个立板(形体 G)和一个三级台阶(形体 F)组成;立板(形体 G)可以看作由一个四棱柱切去一个小三棱柱后得到;台阶(形体 F)可以看作是由一个四棱柱切去两个小四棱柱后得到。

2. 确定建筑形体在投影体系中的安放位置

确定形体的摆放位置时应注意以下几点:

(1)将反映建筑物外貌特征的表面平行于正立投影面。

(2)让建筑形体处于工作状态,如梁应水平放置,柱子应竖直放置,台阶应正对识图人员,这样识图人员较易识图。

(3)尽量减少虚线,过多的虚线不易识图。

3. 画投影图

【例 3.10】 画出图 3.58 所示台阶的三面投影图。

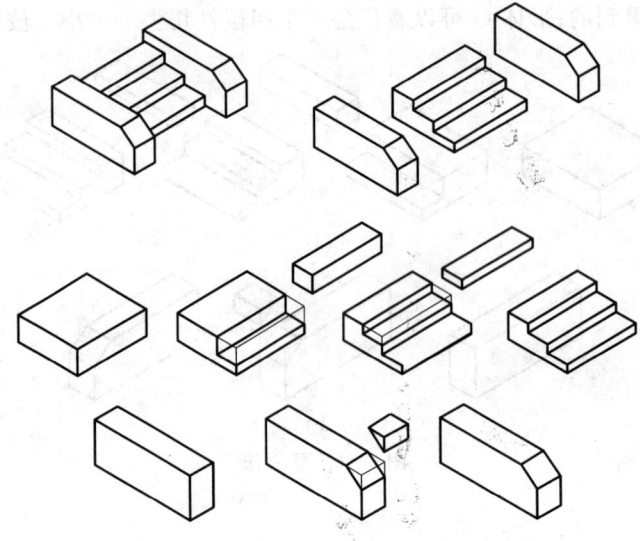

图 3.58 台阶的形体分析

作图步骤：

(1) 按形体分析的结果，先画出左侧立板的投影，由四棱柱切去一个小三棱柱后得到，如图 3.59(a)、(b)所示。

(2) 再画出右侧立板的投影。右侧立板与左侧立板形状完全相同，正面投影和侧面投影与左侧立板的距离为三级台阶的长度，侧面投影重合，如图 3.59(c)所示。

(3) 画出三级台阶的投影，为四棱柱经过切割后得到。侧面投影由于被左侧立板遮挡，为虚线，如图 3.59(d)、(e)所示。

(4) 经检查无误后，按要求加深图线，如图 3.59(f)所示。

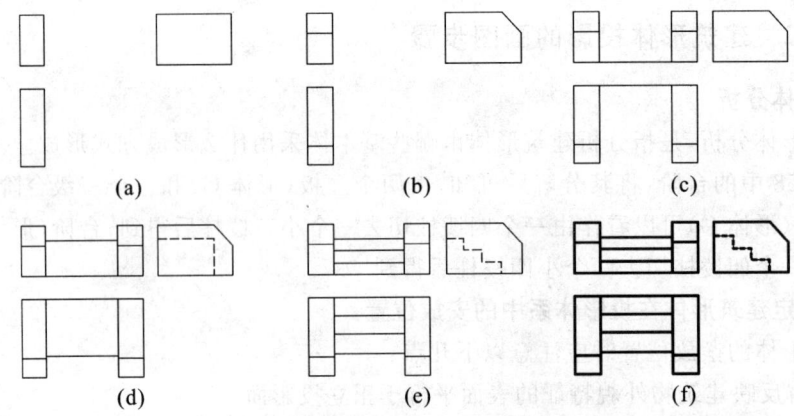

图 3.59 台阶的三面投影图的画法

3.5.3 建筑形体投影图的识读

根据建筑形体投影图识读其形状，必须掌握下面的基本知识：

(1) 掌握三面投影图的投影关系,即"长对正、高平齐、宽相等"。
(2) 掌握在三面投影图中各基本体的相对位置,即上下关系、左右关系和前后关系。
(3) 掌握棱柱、棱锥、圆柱、圆锥和球体等基本体的投影特点。
(4) 掌握点、线、面在三面投影体系中的投影规律。
(5) 掌握建筑形体投影图的画法。
识读形体投影图形状一般采用形体分析法和线面分析法两种。

1. 形体分析法

形体分析法就是以上面前三点为基础,根据基本体投影图的特点,将建筑形体投影图分解成若干个基本体的投影图,分析各基本体的形状,根据三面投影规律了解各基本体的相对位置,最后综合起来想象出形体的整体形状。

图 3.60 中,形体 A、形体 B、形体 C 的水平投影和侧面投影相同而正面投影不同,形体的形状不同;图 3.61 中,形体 D、形体 E、形体 F 的正面投影和侧面投影相同而水平投影不同,形体的形状不同。

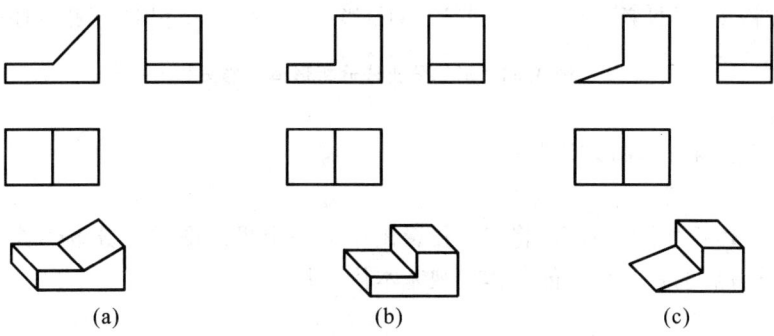

图 3.60 水平投影和侧面投影相同的形体
(a)形体 A;(b)形体 B;(c)形体 C

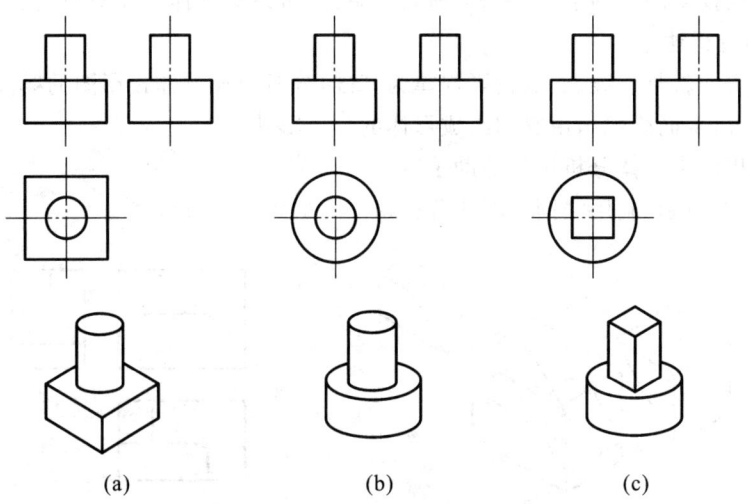

图 3.61 正面投影和侧面投影相同的形体
(a)形体 D;(b)形体 E;(c)形体 F

下面以图 3.62 为例具体分析形体投影图。

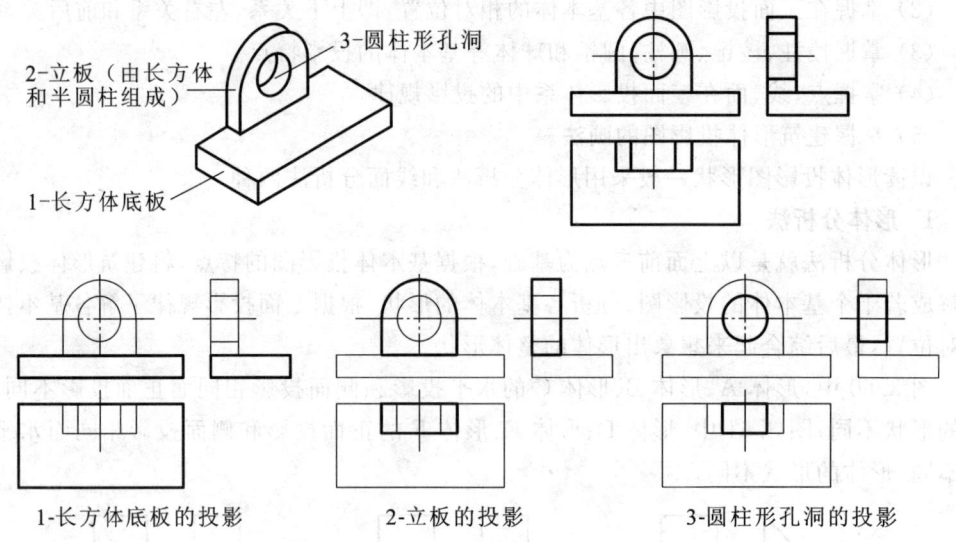

图 3.62　形体分析法分析形体投影图

（1）了解建筑形体的大致形状。

（2）分解投影图

根据基本体投影图的特点，将三面投影图中的一个投影图进行分解。首先分解的投影图，应使分解后的每一部分能具体反映基本体形状。

（3）分析各基本体

利用"长对正、高平齐、宽相等"的三面投影规律，分析分解后各投影图的具体形状。

（4）想整体

利于三面投影图中的上下、左右、前后关系，分析各基本体的相对位置。

2. 线面分析法

线面分析法就是以线、面的投影规律为基础，分析组成形体投影图的线段和线框的形状和相互位置，从而想象出由它们组成形体的具体形状。

线面分析法是形体分析法的辅助手段。

如图 3.63 所示，利用线面分析法分析切割式形体具体形状。

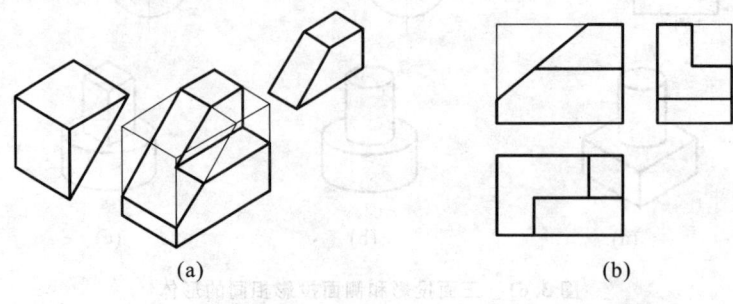

(a)　　　　　　　　　　　　(b)

项目 3 投影法在建筑工程图中的应用

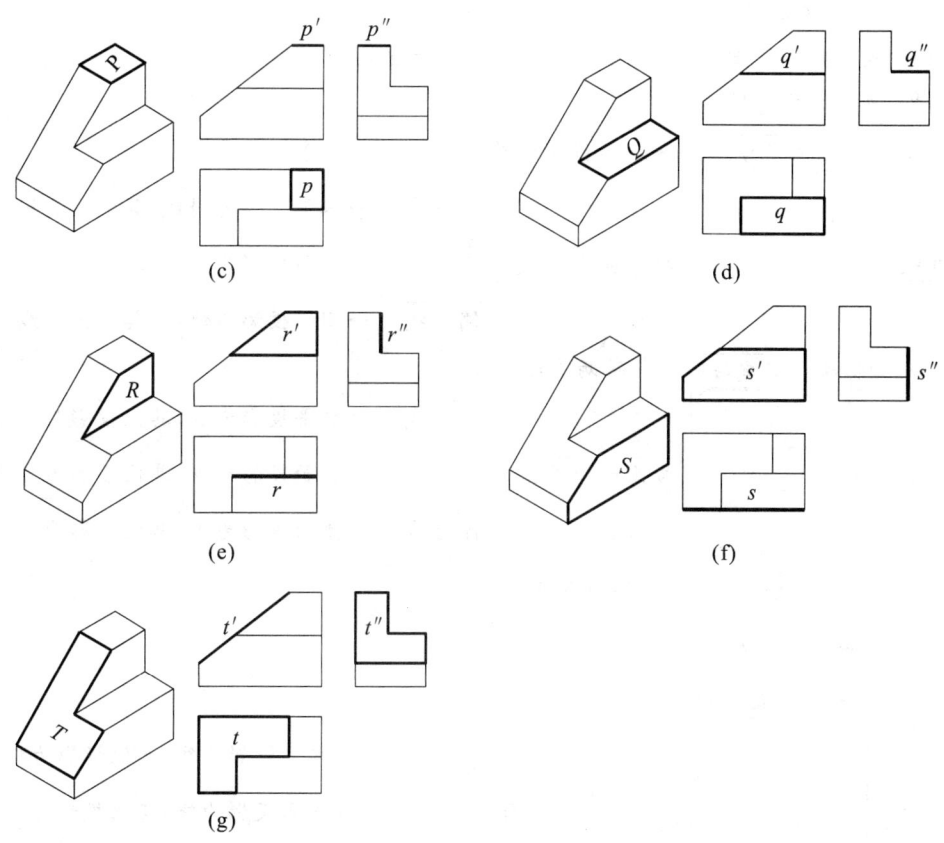

图 3.63 线面分析法分析形体投影图
(a)直观图;(b)三面投影图;(c)平面 P 为水平面;(d)平面 Q 为水平面;
(e)平面 R 为正平面;(f)平面 S 为正平面;(g)平面 T 为正垂面

小 结

本项目主要介绍了如下内容:
1. 投影的概念、分类,投影法在建筑工程图中的应用。

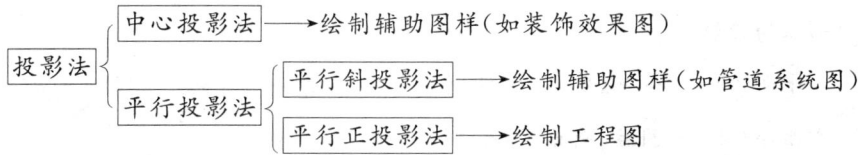

其中平行正投影法是绘制建筑工程图的主要图样,应重点掌握平行正投影的投影特性。

2. 三面正投影图及形成规律

我们将形体放在三面投影体系中,然后用正投影的方法分别向三个投影面作形体的投影,这样就得到了形体的三面正投影图。三面正投影图的投影规律为:"长对正、高平齐、宽相等"。

3. 点、线、面的投影

(1) 点的投影规律：$aa' \perp OX, a'a'' \perp OZ, aa_x = a''a_z$。

(2) 直线的投影规律

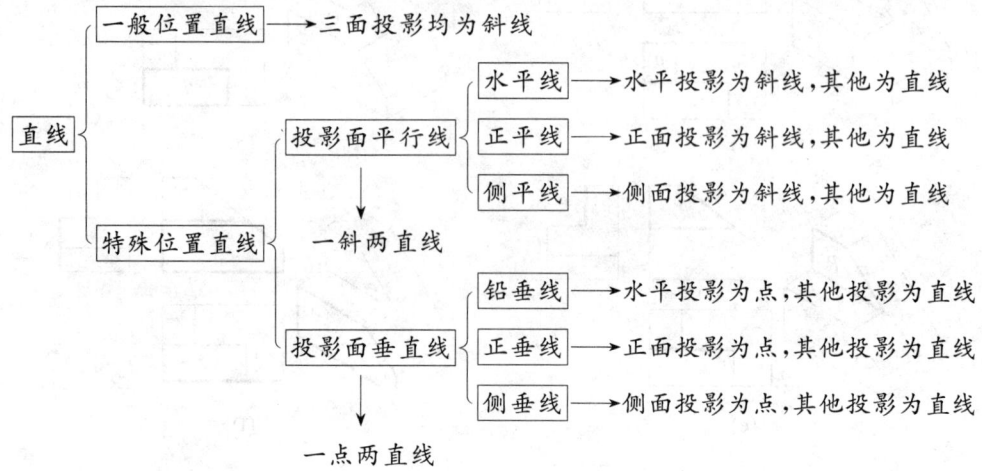

(3) 平面的投影规律

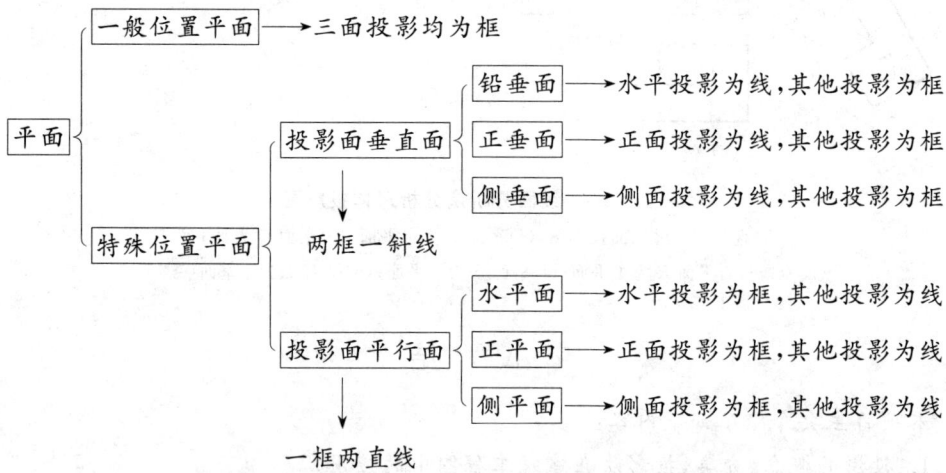

4. 简单形体的投影

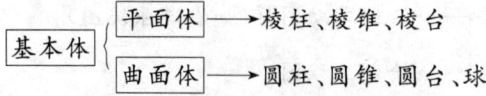

绘制基本体的三面正投影图，首先要确定形体在三面投影体系中的位置（放置的原则是让形体的表面和棱线尽量平行或垂直于投影面）。一般先画出反映底面实形的正投影图，然后再根据投影规律画出其他两面投影。

5. 建筑形体的投影

(1) 建筑形体的形成方法：叠加法、切割法、混合法。

(2) 建筑形体投影图的画法

首先进行形体分析,确定建筑形体在投影体系中的安放位置,然后再根据投影规律画出投影图。

(3) 建筑形体投影图的识读

识读建筑形体投影图必须掌握以下基本知识:

① 掌握三面投影图的投影关系,即"长对正、高平齐、宽相等"。
② 掌握在三面投影图中各基本体的相对位置,即上下关系、左右关系和前后关系。
③ 掌握基本体的投影特点,即棱柱、棱锥、圆柱、圆锥和球体这些基本体的投影特点。
④ 掌握点、线、面在三面投影体系中的投影规律。
⑤ 掌握建筑形体投影图的画法。

识读形体投影图形状一般采用形体分析法和线面分析法两种。

复习思考题

1. 试述投影法的分类及其在工程中的应用。
2. 点的投影规律是什么?
3. 一般位置直线的投影特性是什么?
4. 投影面平行线的投影特性是什么?
5. 投影面垂直线的投影特性是什么?
6. 平面的表示方法有哪些?
7. 一般位置平面的投影特性是什么?
8. 投影面平行面的投影特性是什么?
9. 投影面垂直面的投影特性是什么?
10. 组合体的形成方法有哪几种?
11. 试述简单建筑形体的画图步骤和读图方法。

项目 4　建筑形体的图样表达方法

教学目标

1. 了解轴测图的形成,掌握正等测轴测图和斜二测轴测图的画法;
2. 掌握剖面图和断面图的形成及画法;
3. 正确识读建筑形体的尺寸标注。

情境导入

如果你买房的时候,想了解你所购买的房屋座落于小区的什么位置,以及整个小区的布局情况,你就必须学会看懂售楼处提供给你的小区平面布置图,如图 4.1 所示,这是用轴测投影的方法绘制的。你希望购买哪个位置的楼盘?

图 4.1　小区平面布置图

简单的形体一般用三面投影图即可表示清楚。房屋建筑是比较复杂的组合形体,而当建筑形体的形状和结构比较复杂时,仅用三面投影图往往无法清楚、完整、准确地表示形体的外部形状和内部结构。为了便于画图和读图,《房屋建筑制图统一标准》(GB/T 50001—2010)规定了各种表达方法,如用轴测投影、剖面图、断面图等来表达建筑形体,画图时可根据具体情况适当选用。下面主要介绍这些方法的画法及其应用。

4.1　轴 测 投 影

正投影图能够准确表达空间形体的真实形状和大小,具有画图简便、度量方便等优点,在工程实际中广泛应用。但是,正投影图缺乏立体感,不易识读,需要有较强的空间想象能力,将三面投影结合起来才能确定形体的空间形状。

建筑工程图样中,常采用轴测投影作为辅助图样来表示形体,帮助阅读正投影图。轴测投影是一种具有立体感的图形,如图 4.2 所示。图 4.2(a)为形体的三面正投影,图 4.2(b)为该形体的轴测投影。

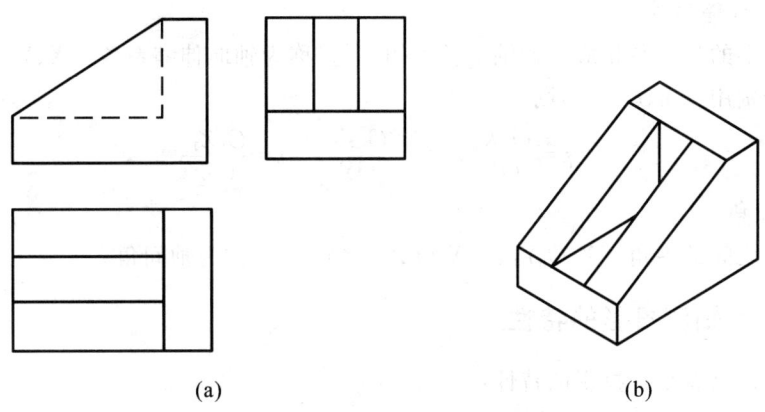

图 4.2 形体的正投影和轴测投影图
(a)正投影图;(b)轴测图

4.1.1 轴测投影的形成

将形体连同确定其空间位置的直角坐标系,沿不平行于任一坐标面的方向,用平行投影法将其投射在一个投影面上,所得到的投影叫做轴测投影。轴测投影图的形成如图4.3所示。

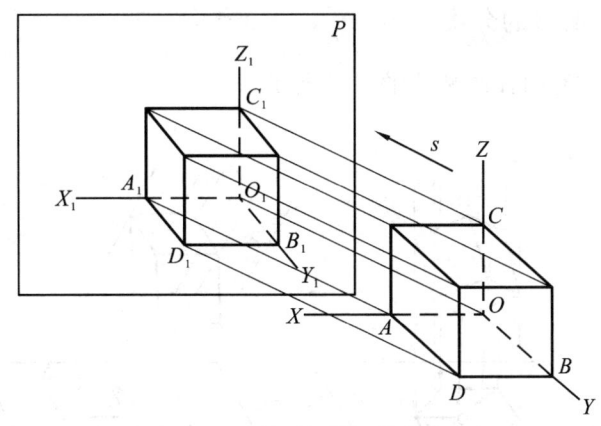

图 4.3 轴测投影图的形成

轴测投影图的优点是立体感好、直观性强,但与正投影相比,其度量性差,绘图较繁琐。通过画轴测投影图,可以提高对空间形体的想象力,帮助识读三面正投影,从而形象地确定正投影图所表示形体的空间形状。

轴测投影的几个基本概念:

1. 轴测投影面

接受投影的平面称为轴测投影面。

2. 轴测轴

O_1X_1、O_1Y_1、O_1Z_1 分别为直角坐标轴 OX、OY、OZ 的轴测投影,称为轴测投影轴,简称轴测轴。

3. 轴向伸缩系数

轴测轴上的长度与相应坐标轴上长度的比值,称为轴向伸缩系数。X、Y、Z 轴的轴向伸缩系数分别用 p、q、r 表示,则

$$p=\frac{O_1X_1}{OX}, \quad q=\frac{O_1Y_1}{OY}, \quad r=\frac{O_1Z_1}{OZ}$$

4. 轴间角

轴测轴之间的夹角 $\angle X_1O_1Y_1$、$\angle X_1O_1Z_1$、$\angle Y_1O_1Z_1$ 称为轴间角。

4.1.2 轴测投影的特性

轴测投影具有平行投影的特性:

(1)平行性:凡空间互相平行的直线,其轴测投影仍互相平行。形体上与坐标轴平行的线段,其轴测投影仍平行于相应的轴测轴,其轴测投影长与原线段实长之比等于相应的轴向伸缩系数。

(2)度量性:轴测是沿轴向测量的意思。凡形体上与三个坐标轴平行的直线尺寸,在轴测图中均可沿轴的方向测量。

(3)变形性:凡形体上与坐标轴不平行的直线,其投影会变形,不能在图上直接量取,而要先定出直线的两端点的位置,再画出该直线的轴测投影。

4.1.3 轴测投影的分类

轴测投影的分类有两种情况,如图 4.4 所示。

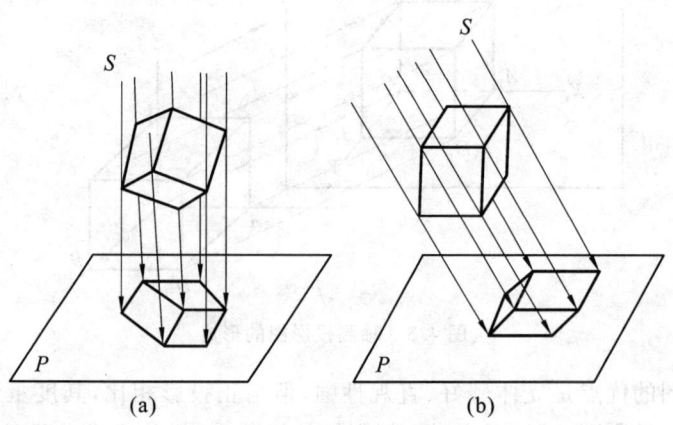

图 4.4 轴测投影的分类

(a)正轴测投影;(b)斜轴测投影

(1) 按投射线对投影面是否垂直,可分为两种:
① 正轴测投影:投射线 S 垂直于轴测投影面 P,所得到的图形称为正轴测投影,简称正轴测。
② 斜轴测投影:投射线 S 倾斜于轴测投影面 P,所得到的图形称为斜轴测投影,简称斜轴测。

(2) 按三个轴向伸缩系数是否相等,可分为三种:
① 等轴测投影:三个轴向伸缩系数均相等;
② 二轴测投影:只有两个轴向伸缩系数相等;
③ 三轴测投影:三个轴向伸缩系数均不相等。

轴测投影的名称可由两个分类名称合并而得,如正轴测投影中的等轴测投影,即称为正等轴测投影,简称正等测。斜轴测投影中的二轴测投影称为斜二轴测投影,简称斜二测。

此外,在斜轴测投影中,若投影面平行于形体的正面或水平面时,则可在名称前再加上"正面"或"水平"两字,如正面斜等测、水平斜二测。

4.1.4 常用的轴测投影

房屋建筑中常用的轴测投影有正等测、正二测、正面斜等测、正面斜二测、水平斜等测、水平斜二测等。其中正等测和正面斜二测(简称斜二测)由于作图方便,在工程上应用较多。

1. 正等测

正等测的轴间角均为 120°,各轴向的伸缩系数约等于 0.82。为了作图简便,常将轴向伸缩系数简化为 1,即形体上与坐标轴平行的线段,其轴测投影长与原线段实长相等,可从投影图中直接截取。用简化系数 1 画出的正等测图比用实际轴向伸缩系数 0.82 画出的正等测图放大 1.22 倍,但不影响图形效果。正等测的轴间角和轴向伸缩系数如图 4.5 所示。

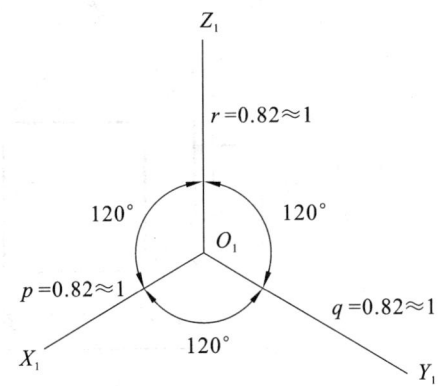

图 4.5 正等测的轴间角和轴向伸缩系数

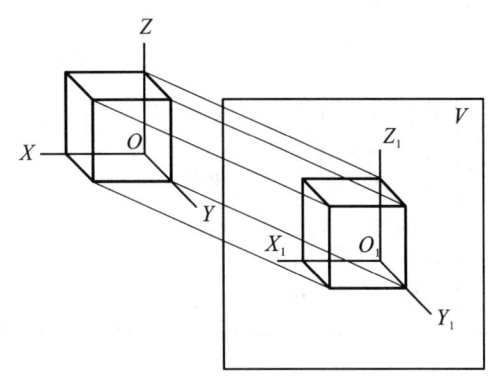

图 4.6 正面斜轴测的形成

2. 斜二测

以正立投影面为轴测投影面,使空间形体的 XOZ 坐标面平行于轴测投影面,得到的斜轴测投影称为正面斜轴测,如图 4.6 所示。

由于坐标面 XOZ 平行于投影面,故 X、Z 轴的伸缩系数 $p=r=1$,轴间角 $\angle X_1 O_1 Z_1$

$=90°$。OY 的投影与伸缩系数由投射方向确定,通常取 Y 轴的伸缩系数 $q=0.5$;O_1Y_1 与水平线的夹角为 $45°$(也可取 $30°$ 或 $60°$),可得到正面斜二测,如图 4.7 所示。

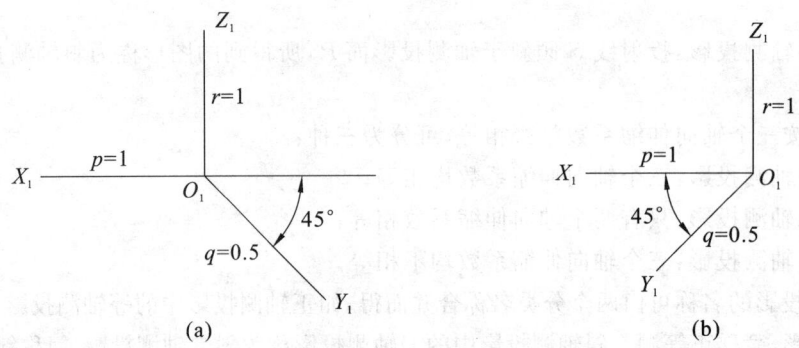

图 4.7　正面斜二测的轴间角和轴向伸缩系数

正等测和斜二测轴测投影图的比较见表 4.1。

表 4.1　正等测和斜二测轴测投影图的比较

种类	作图方法	轴间角	轴向伸缩系数	例图
正等测	投射线垂直于轴测投影面,三个轴向伸缩系数都相等	Z_1 轴、X_1 轴、Y_1 轴之间夹角均为 $120°$,$p=1$,$q=1$,$r=1$	$p=q=r\approx0.82$,简化为 $p=q=r=1$	立方体轴测图,边长均为 1
斜二测	轴测投影平行于正立投影面,投射方向倾斜于轴测投影面,有两个轴向伸缩系数相等	X_1O_1 水平,Z_1O_1 竖直,O_1Y_1 与水平线夹角 $45°$,$p=1$,$r=1$,$q=0.5$	$p=r=1$,$q=0.5$	立方体轴测图,长宽高为 1、0.5、1

4.1.5　轴测投影的画法

绘制轴测图,常用的作图方法有坐标法、切割法、叠加法、端面法等,多数情况下需要根据形体分析,将各种方法综合应用。

1. 坐标法

根据顶点的空间坐标,画出各点的轴测投影,然后依次连接,完成形体的轴测投影。

坐标法适用于简单基本体、锥体、台体等,是绘制轴测投影的基本方法。

2. 切割法

按照形体的形成过程,先画出整体,再依次去掉被切除部分,从而完成形体的轴测投影。切割法适用于基本形体切割而成的组合体。

3. 叠加法

就是按照形体的组合顺序,逐个画出每一基本体的轴测投影,从而完成整个形体的轴测投影。叠加法适用于多个基本形体叠加而成的组合体。

4. 端面法

先绘制形体的一个特征端面,再画出其余轮廓线。端面法适用于柱体等基本体。

轴测图绘制的基本步骤为:

(1) 首先根据形体的正投影进行形体分析,确定直角坐标轴的位置,坐标原点一般设在形体的角点或对称中心上;

(2) 然后根据轴测图的类型确定轴测轴的方向,根据轴间角作轴测轴,一般将 O_1Z_1 画成铅垂位置;

(3) 按各轴向伸缩系数确定形体上平行于坐标轴的线段的投影长度;

(4) 用坐标法、切割法或叠加法逐步完成形体的轴测投影。

【**例 4.1**】 已知四棱柱的 H、V 两面投影,如图 4.8(a)所示,作四棱柱的正等测。

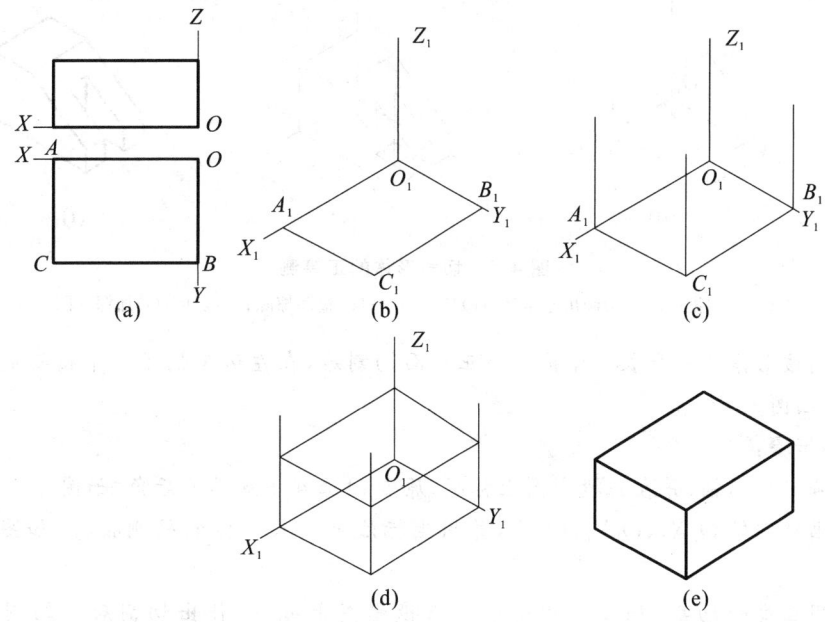

图 4.8 四棱柱的正等测

(a)已知投影图;(b)画底面;(c)画棱线;(d)截取棱高;(e)整理加深

分析:四棱柱是基本形体,上下两个底面形状相同、互相平行,四条侧棱线垂直于底面且高度相同,因此选择坐标法画图。

作图步骤:

(1) 确定坐标轴,并在正投影图上标明,原点 O 选在四棱柱下底面右后角,如图 4.8(a)

所示。

(2) 画轴测轴 O_1X_1、O_1Y_1、O_1Z_1，并根据下底面各点的坐标，在 O_1X_1、O_1Y_1 上截取 $O_1A_1=OA$，$O_1B_1=OB$，通过 A_1、B_1 分别作 O_1X_1、O_1Y_1 的平行线，相交于 C_1，确定出 A、B、C 点的轴测投影 A_1、B_1、C_1，如图 4.8(b)所示。

(3) 分别经过 A_1、B_1、C_1 向上作 O_1Z_1 的平行线作为棱线，如图 4.8(c)所示。

(4) 截取棱线高，然后连接上底面各点，如图 4.8(d)所示。

(5) 擦去作图线，整理加深可见轮廓线，完成全图，如图 4.8(e)所示。

【例 4.2】 已知形体的正投影，如图 4.9(a)所示，作形体的正等测。

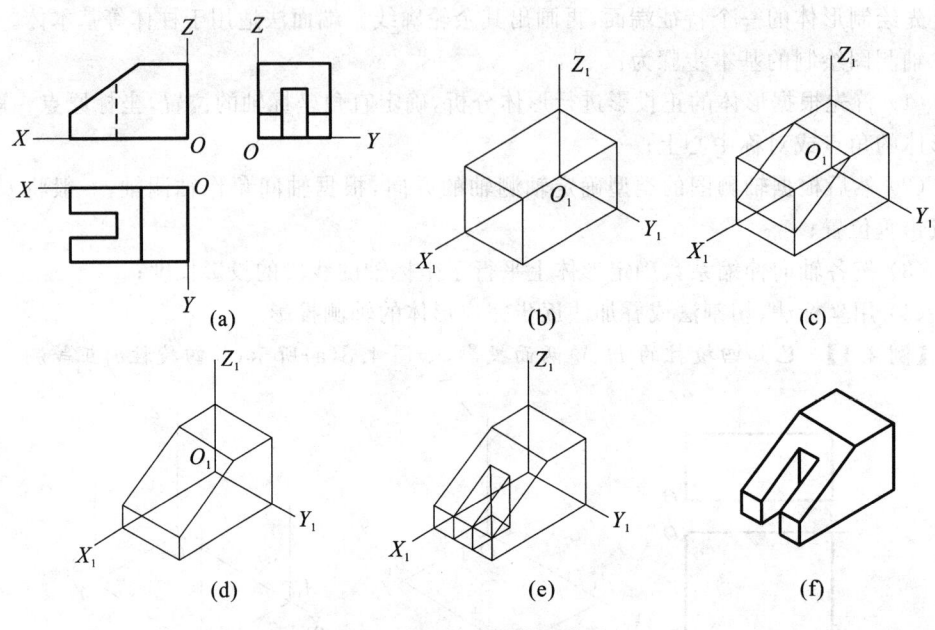

图 4.9 切割形体的正等测
(a)已知投影图；(b)画出基本体；(c)切去一角；(d)整理擦除；(e)切槽；(f)加深成图

分析：该形体是一个长方体被一个正垂面切割后，在左边又切了一个槽而成，因此选择切割法画图。

作图步骤：

(1)确定坐标轴，并在正投影图上标明，原点 O 选在下底面右后角，如图 4.9(a)所示。

(2)画轴测轴 O_1X_1、O_1Y_1、O_1Z_1，并用坐标法画出长方体的轴测投影，如图 4.9(b)所示。

(3)用正垂面切割，相应尺寸由已知正投影图上截取，作出切割后的轴测投影，如图 4.9(c)所示。

(4)整理擦除多余线条，减少图线干扰，如图 4.9(d)所示。

(4)继续在左侧切槽，相应尺寸由已知正投影图上截取，作出切槽后的轴测投影，如图 4.9(e)所示。

(5)擦去作图线，整理加深可见轮廓线，完成全图，如图 4.9(f)所示。

【例 4.3】 已知形体的正投影，如图 4.10(a)所示，作形体的正等测。

分析:该形体是由 3 个四棱柱上下叠加而成,按照叠加法逐个画出每一个四棱柱体。画轴测图时,可以由下而上(或者由上而下),也可以取两基本形体的结合面作为坐标面。

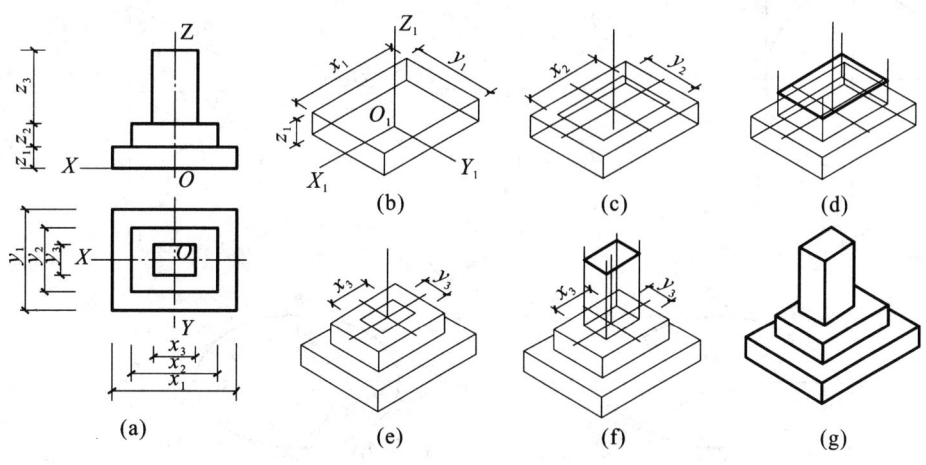

图 4.10 叠加形体的正等测

(a)已知投影图;(b)画底部四棱柱;(c)画中间四棱柱的底面;(d)画中间四棱柱;
(e)画顶部四棱柱的底面;(f)画顶部四棱柱;(g)整理成图

作图步骤:

(1)确定坐标轴,并在正投影图上标明,原点 O 选在底部四棱柱底面的中心,如图 4.10(a)所示。

(2)画轴测轴,根据 x_1、y_1、z_1 按照例 4.1 的方法作出底部四棱柱的轴测图,如图 4.10(b)所示。

(3)将坐标原点移至底部四棱柱上表面的中心位置,根据 x_2、y_2 作出中间四棱柱底面的四个顶点,并根据 z_2 向上作出中间四棱柱的轴测图,如图 4.10(c)、(d)所示。

(4)将坐标原点再移至中间四棱柱上表面的中心位置,根据 x_3、y_3 作出上部四棱柱底面的四个顶点,并根据 z_3 向上作出上部四棱柱的轴测图,如图 4.10(e)、(f)所示。

(5)擦去多余的作图线,加深图线,完成该形体的正等测,如图 4.10(g)所示。

在正等测投影中,平行于坐标面的圆的投影都是椭圆。图 4.11 所示为分别平行于三个不同坐标面的直径相同的圆的正等测投影。平行于坐标面的圆的正等测投影常用四心圆法作近似绘制。

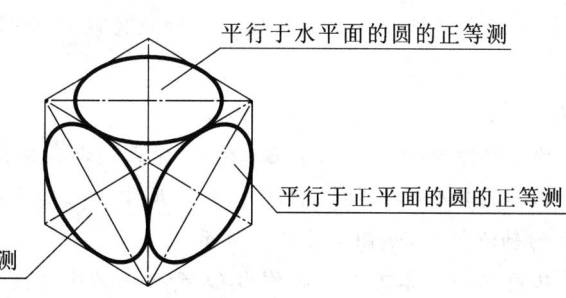

图 4.11 平行于坐标面的圆的正等测投影

【例 4.4】 已知圆形投影,如图 4.12(a)所示,作圆形的正等测。

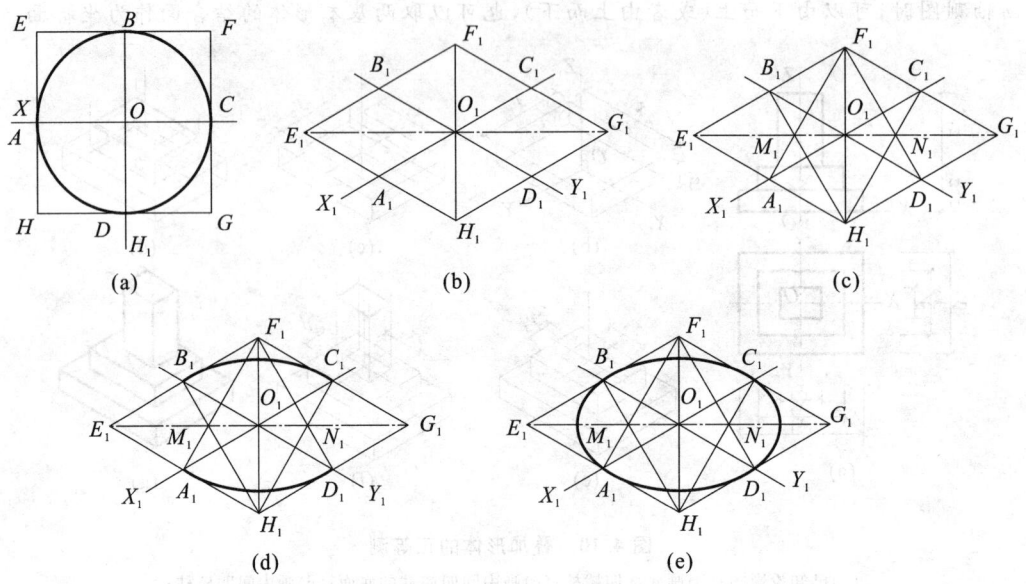

图 4.12 圆形的正等测

分析:圆平行于水平面,可以先作出圆的外切正方形的投影图,然后采用四心圆法作近似椭圆绘制出圆的投影图。

作图步骤:

(1) 确定坐标轴,并在正投影图上标明,原点 O 选在圆心,作出圆的外切正方形,如图 4.12(a)所示。

(2) 作轴测轴 O_1X_1、O_1Y_1、O_1Z_1,用坐标法作出圆的外切正方形的正等测图,如图 4.12(b)所示。

(3) 连接 F_1A_1、F_1D_1 或 H_1B_1、H_1C_1 分别交长轴于 M_1、N_1,如图 4.12(c)所示。

(4) 分别以 F_1 和 H_1 为圆心,F_1A_1 或 H_1C_1 为半径作大圆弧 A_1D_1 或 B_1C_1,如图 4.12(d)所示。

(5) 分别以 M_1、N_1 为圆心,M_1A_1、N_1C_1 为半径作小圆弧 B_1A_1 和 C_1D_1,如图 4.12(e)所示。由大圆弧 A_1D_1、B_1C_1 和小圆弧 B_1A_1、C_1D_1 就组成了一个近似椭圆。

【例 4.5】 已知踏步的 H、V 两面投影,图 4.13(a)所示,作踏步的正面斜二测。

分析:该形体可视为一个柱状体。该柱状体两底面形状相同,为 ⌐┘ 形,因此采用端面法画图。

作图步骤:

(1) 确定坐标轴,并在正投影图上标明,原点 O 选在前表面的右下角,如图 4.13(a)所示。

(2) 画轴测轴 O_1X_1、O_1Y_1、O_1Z_1,相应尺寸由已知正投影图上截取,用坐标法画出踏步前端面的轴测投影,如图 4.13(b)所示。

(3) 从前端面的各顶点向后作出 O_1Y_1 方向的平行线作为宽度线,如图 4.13(c)所示。

(4) 按 $q=0.5$ 确定踏步宽度并依次截取,连接后端面可见点,如图 4.13(d)所示。

(5)擦去作图线,整理加深可见轮廓线,完成全图,如图4.13(e)所示。

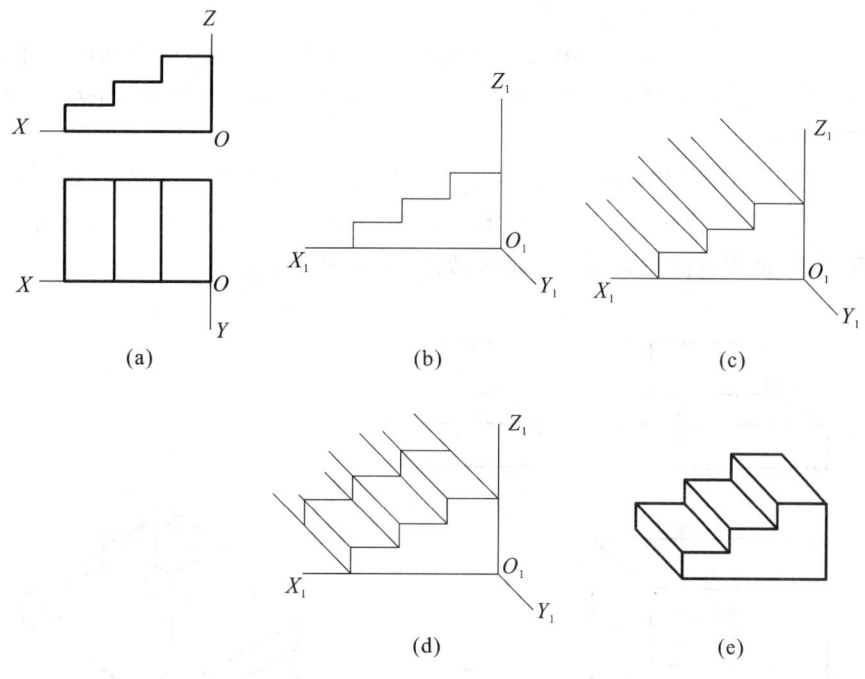

图 4.13 踏步的正面斜二测
(a)已知投影图;(b)画踏步前端面;(c)画宽度线;(d)截取踏步宽;(e)加深成图

4.2 剖 面 图

情境导入

在售楼部,有一种立体模型使我们可以清楚地看到每种房型的内部布局,如图4.14所示。可以看出,这种模型是将房屋用水平面剖切后,将屋顶部分拿开形成的。

4.2.1 剖面图的形成

在形体的三面正投影图中,形体外形上可见的轮廓线用实线表示,形体上不可见的轮廓线用虚线表示。在画建筑形体的投影时,由于内部构造比较复杂,如果都用虚线来表示这些看不见的部分,则图中的实线、虚线交错重叠,混淆不清,既不容易识读,又不便于标注尺寸。

为了能在图中直接清楚地表示出形体的内

图 4.14 户型模型

部构造,通常采用剖视的方法,使形体看不见的部分变成看得见的部分,从而减少图中的虚线,改用实线画出这些内部构造的投影图。

假想用一个剖切面在适当部位将形体剖开,移去剖切面与观察者之间的那部分形体,对剩余部分作正投影,并将剖切面与形体接触的部分画上剖面线或材料图例,这样得到的投影图称为剖面图。

如图 4.15 所示,杯形基础投影图的正立面图和侧立面图中都有虚线,识图较难。我们假想用一个剖切平面 P 将基础剖开,移去剖切平面 P 前面的一半,对留下的一半向正立面作正投影,所得到的投影图即剖面图,如图 4.16 所示。

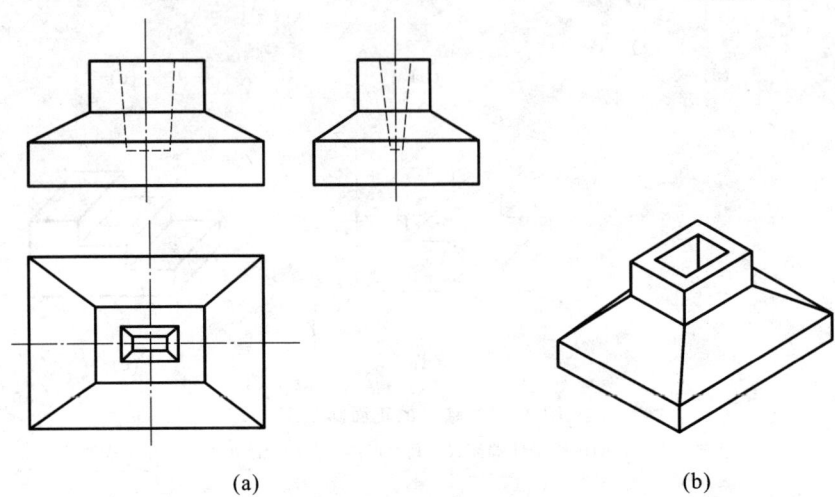

图 4.15　杯形基础的投影图及立体图
(a)杯型基础的三面投影图;(b)杯形基础的直观图

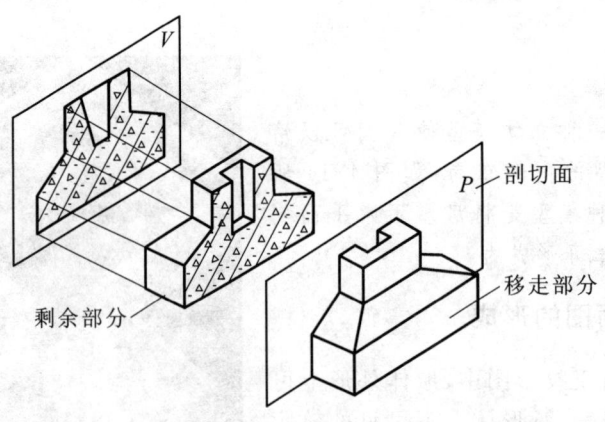

图 4.16　剖面图的形成

4.2.2　剖面图的标注

用剖面图配合其他投影图表达物体时,为了便于读图,要在投影图上将所画剖面图的剖切位置、投射方向和编号在图样中标注出来。制图标准规定,剖面图的标注由剖切符号和编号两部分组成,如图 4.17 所示。

1. 剖切符号

剖视的剖切符号由剖切位置线及投射方向线组成。

(1)剖切位置线:用直线表示剖切平面的位置,称为剖切位置线。在投影图中,剖切位置线用两小段粗实线绘制,长度宜为 6～10 mm;绘制时,剖切符号不应与图面上的其他图线相接(不穿越图形)。

(2)投射方向线:为了表明剖切后剩下部分形体的投射方向,在剖切位置线两端的同侧,各画一段短粗实线表示投影方向。投射方向线应垂直于剖切位置线,长度应短于剖切位置线,宜为 4～6 mm。如:画在剖切位置线的左边表示向左边投射。

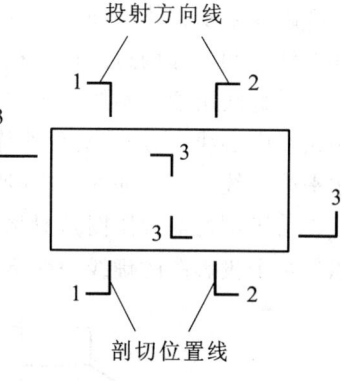

图 4.17 剖面图的标注

2. 编号

对复杂结构的形体,可能要同时剖切几次,为了区分清楚,对每一次剖切要进行编号。编号宜采用阿拉伯数字,按顺序由左至右、由下至上连排,并应注写在投射方向线的端部。需要转折的剖切位置线,应在转角的外侧加注与该符号相同的编号。

4.2.3 剖面图的线型

在剖面图中,除应画出剖切面切到部分的图形外,还应画出沿投射方向看到的部分。被剖切面切到部分的轮廓线用粗实线绘制;轮廓线内画材料图例线,在不指明材料时,可以用等间距、同方向的 45°细实线来表示;剖切面没有切到、但沿投射方向可以看到的部分,用中实线绘制;不可见的线(虚线)一般不再画出。

4.2.4 剖面图的分类

1. 全剖面图

假想用一个剖切平面将形体全部剖开所得到的剖面图,称为全剖面图,如图 4.18 所示。全剖面图适用于不对称形体,或者虽然对称但外形简单、内部比较复杂的物体。

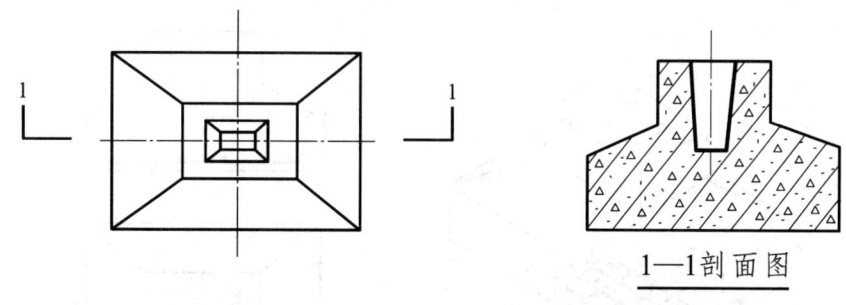

图 4.18 全剖面图

2. 半剖面图

当建筑形体是内外形状均左右对称或前后对称,而外形又比较复杂时,可将其投影的一半画成表示物体外部形状的正投影,另一半画成表示内部结构的剖面图,以同时表示形体的外形和内部构造。这种投影图和剖面图各占一半的剖面图称为半剖面图。

对称线用细点画线表示,当对称中心线为竖直时,将外形投影绘在中心线左方,剖面图绘在中心线右方;当对称线为水平线时,将外形投影绘于水平中心线上方,剖面图绘在水平中心线下方。如图 4.19 所示。

由于剖切前投影图是对称的,剖切后在半个剖面图中已清楚表达了内部结构形状,所以另半个投影图的虚线一般不再画出。

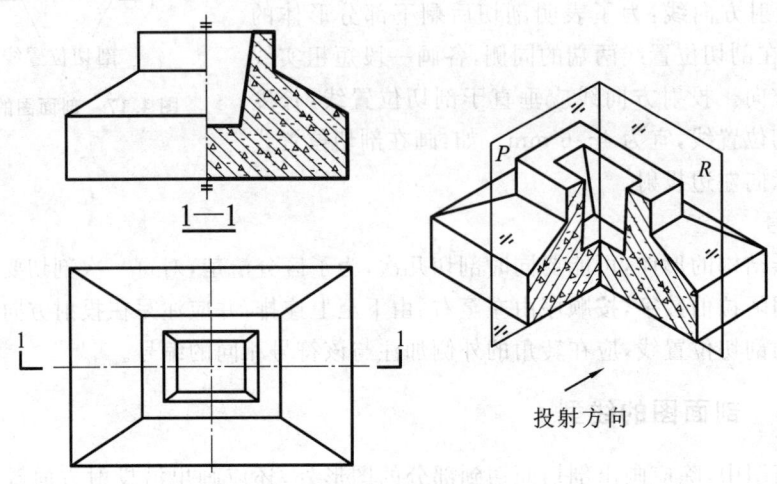

图 4.19 半剖面图

3. 局部剖面图

当建筑形体的外形比较复杂,完全剖开后就无法表示清楚它的外形时,可以保留原投影大部分,而只将局部地方画成剖面图。

局部剖面图只是物体整个形状投影图中的一部分,因此不标注剖切符号,但是投影图与局部剖面之间要用徒手画的波浪线(断开界线)分界,且波浪线不得与轮廓线重合,也不得超出轮廓线之外。

图 4.20 所示的杯形基础,可在其投影图的一角"剖开",绘出钢筋配置情况。

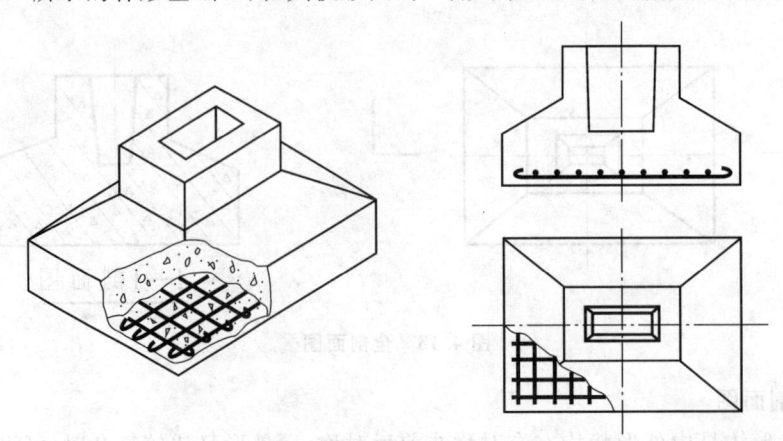

图 4.20 局部剖面图

在工程图中,为了表示物体局部的构造层次,用分层剖切的方法画出各构造层次的剖面图,称局部分层剖切剖面图。这种剖面图多用于表达楼面、地面和屋面的构造,画图时应以波浪线将各层分开。如图 4.21 所示。

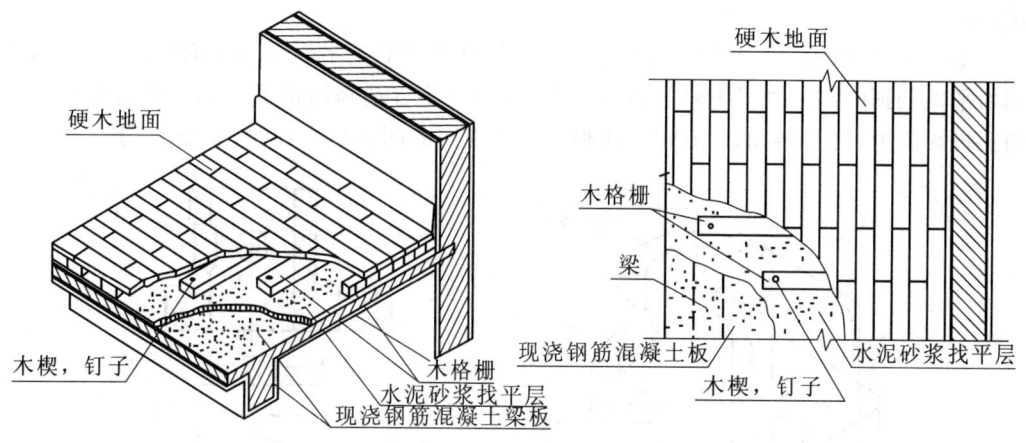

图 4.21　局部分层剖切剖面图

4. 阶梯剖面图

一个剖切平面,若不能将形体上需要表达的内部构造一齐剖开时,可用两个以上互相平行的剖切平面沿着需要表达的地方将形体剖开,然后画出剖面图,这种剖切方法称为阶梯剖。

阶梯剖适用于用一个剖切平面不能同时剖切到所要表达的几处内部构造的建筑形体。

如图 4.22 所示,物体在前后不同位置上有一个圆孔和长方孔。为了全面地表达其内部形状,可以假想用通过圆孔轴线和长方孔中心的两个互相平行的正平面剖切这个物体,移去两个剖切平面之前的部分,将后面剩余的部分向正投影面投射,便得到 1—1 剖面图。

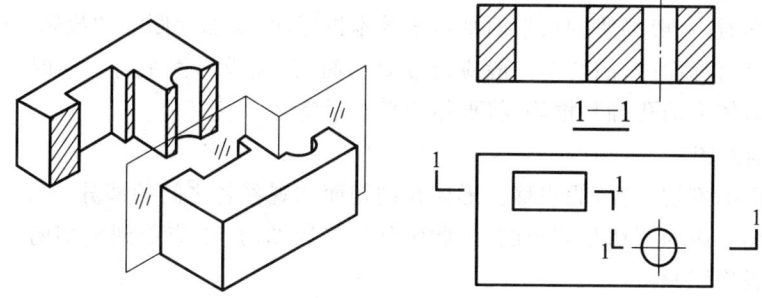

图 4.22　阶梯剖面图

画阶梯剖图时应该注意:由于剖切是假想的,所以阶梯形剖切平面的转折处,在剖面图上不应画出两剖切平面转折处的分界线。同时,在标注剖切符号时,应在两剖切平面转角的外侧加注与该符号相同的编号。

*5. 旋转剖面图

用两个以上相交的剖切平面剖切物体,这种剖切方法称为旋转剖。采用旋转剖时,其中一个剖切平面平行于一投影面,另一个剖切平面则与这个投影面倾斜。

将用平行于投影面的剖切平面剖开的部分直接向投影面投射;将用倾斜于投影面的剖切平面剖开的部分绕两剖切平面的交线旋转到平行于该投影面的位置,然后再向该投影面投射。

如图 4.23 所示,1—1 剖面图是用相交于铅垂轴线的正平面和铅垂面剖切后,将铅垂剖切平面剖到的部分绕铅垂轴旋转到正平面位置,并与左侧用正平面剖切到的部分一起向正投影面投射而得到的。旋转剖所得到的剖视图的图名后应加注"展开"二字。

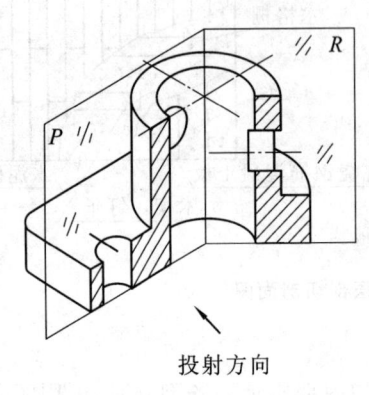 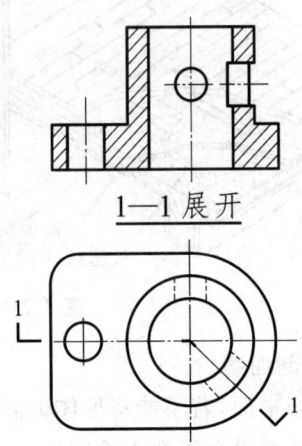

图 4.23 旋转剖面图

4.2.5 剖面图的画法

(1)确定剖切位置

画剖面图时,应将剖切面设在形体需要剖切的部位,使剖切后作出的剖面图能清楚地反映出所要表达部分的真实形状。

作剖面图时,一般都使剖切平面平行于基本投影面,从而使断面的投影反映实形。形体在构造上有对称面的,剖切面一般应通过对称面,并和投影面平行。同时,要使剖切平面尽量通过形体上的孔、洞、槽等,将形体内部表示清楚。

(2)画剖面图

按剖切面的剖切位置,假想移去形体在剖切面和观察者之间的部分,对留下的部分形体作出投影图。因为剖切是假想的,因此画其他投影图时,不应受到剖切的影响,仍然按完整的形体投影图画出。

(3)画材料图例

剖面图中剖切面与形体接触部分的投影必须画上表示材料类型的图例,常用建筑材料图例见表 5.1。如果没有指明材料图例时,要用剖面线表示。剖面线用 45°方向等间距的平行线表示,其线型为细实线。

(4)注写图名

在对应剖面图的下方,写上与该图相对应的剖切符号编号,作为该图的图名,如"1—1 剖面图",同时在图的下方画上与之等长的粗实线。

4.3 断 面 图

4.3.1 断面图的形成

同剖面图形成一样,假想用剖切平面将形体剖开后,仅将剖切面与形体接触部分即截断面向剖切面所平行的投影面作正投影,所得到的图形称为断面图,又称截面图。如图 4.24 所示。

断面图主要用来表示形体某一局部截断面的形状。

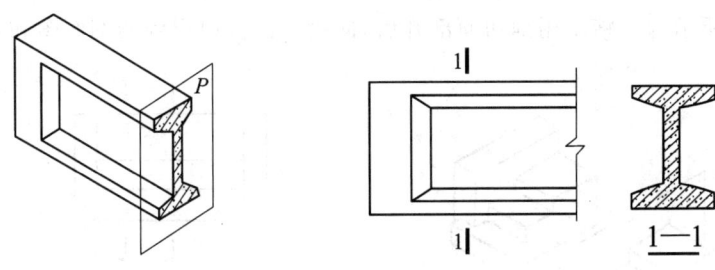

图 4.24 断面图示例

4.3.2 断面图的标注

断面图的标注由剖切位置线和编号两部分组成,如图 4.25 所示。

1. 剖切位置线

断面图的剖切位置线同剖面图一样,用不穿越图形的两小段短粗实线表示,长度一般为 6~10 mm。

2. 编号

编号采用阿拉伯数字,按顺序由左至右、由下至上连排,编号的注写位置表示投射方向。如:编号写在剖切位置线下侧,表示向下投射;编号写在剖切位置线右方,表示向右投射。

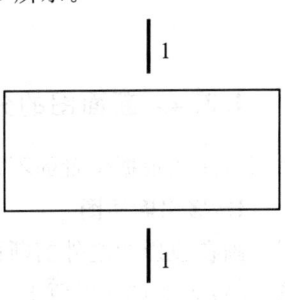

图 4.25 断面图的标注

4.3.3 剖面图与断面图的区别

(1)投影主体不同。剖面图是形体被剖开后所留下部分的整体投影,是体的投影;而断面图只是对形体被剖开后的截断面作投影,是面的投影。

(2)图示内容不同。断面图只画出剖切到截断面部分的图形;剖面图除画出断面图形外,还应画出沿投射方向未被切到但能看到部分的投影。剖面图中包含了断面图,断面图属于剖面图中的一部分。

(3)剖切符号的标注不同。剖面图的剖切符号由剖切位置线及投射方向线和编号组成;断面图的剖切符号只画出剖切位置线,不画投射方向线,用编号的注写位置来表示投射方向。

(4)图线线型不同。剖面图中被剖切面切到的轮廓线用粗实线绘制,轮廓线内画材料图例线,没有切到但沿投射方向可以看到的部分用中实线绘制;断面图中没有中实线。

剖面图与断面图的区别如图 4.26 所示。

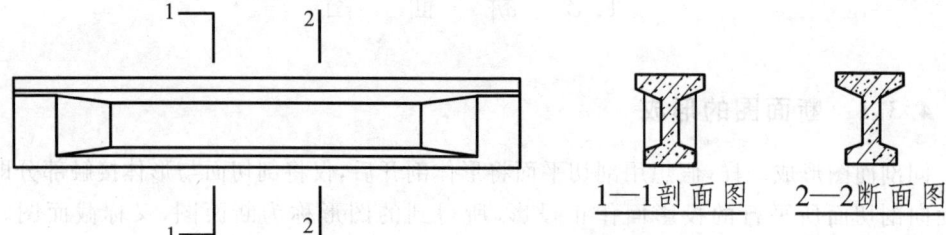

图 4.26　杆件的剖面图与断面图

图 4.27 所示为一踏步用剖切面剖开后,向投影面投射得到的剖面图和断面图。

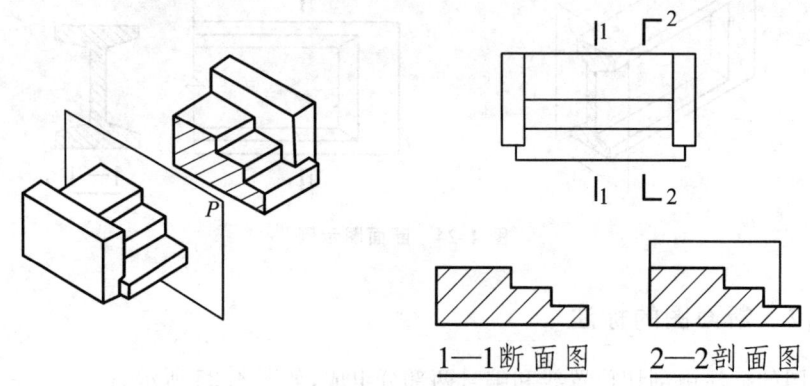

图 4.27　踏步的剖面图与断面图

4.3.4　断面图的分类

断面图根据位置的不同分为移出断面图、重合断面图和中断断面图。

1. 移出断面图

画在投影图之外的断面称为移出断面图,如图 4.28 所示。移出断面图应靠近投影图,并整齐地排列以便于识读。移出断面图尺寸较小时,断面可涂黑表示。断面图也可用较大的比例绘出,以利于标注尺寸和清晰地显示截断面的构造。

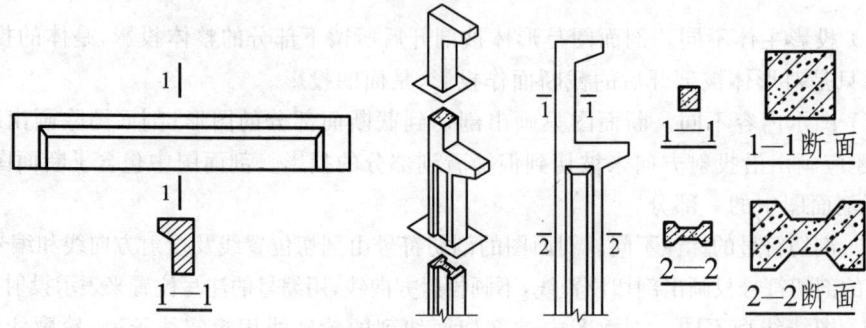

图 4.28　移出断面图

2. 重合断面图

画在投影图中的断面称为重合断面图,如图 4.29 所示。为了避免与投影图的轮廓线产生混淆,重合断面的轮廓线用粗实线画出,并且不加任何标注,投影图上与断面图重合的轮廓线不应断开,仍应完整地画出。

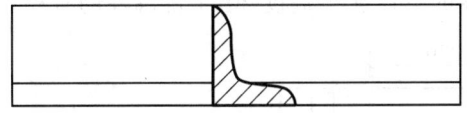

图 4.29 杆件的重合断面图

这种断面图与投影图重合在一起,还常用来表示墙壁立面装饰上的凹凸起伏状况,如图 4.30(a)所示。屋顶结构的断面如图 4.30(b)所示。

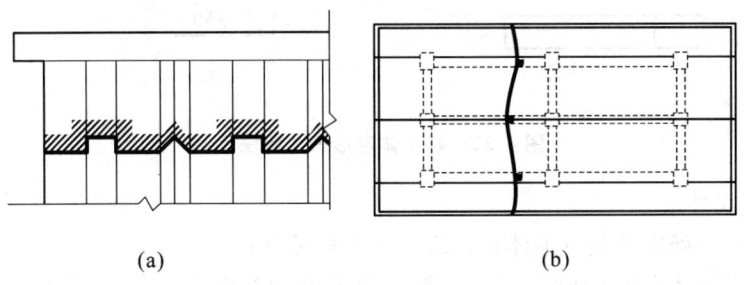

图 4.30 墙壁装饰的重合断面图和屋顶结构断面图

3. 中断断面图

中断断面图直接画在杆件断开处。如图 4.31 所示,可在杆件的断开处,画出杆件的断面,以表示形状及组合情况。这种画法适用于表示较长而只有单一断面的杆件及型钢。

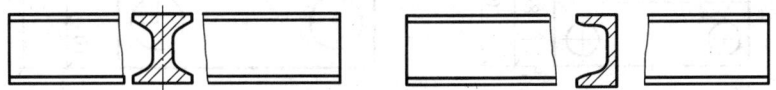

图 4.31 中断断面图

4.4 建筑形体的尺寸

4.4.1 标注尺寸的种类

在建筑形体的投影图中,已经清楚地表达出形体的形状和各部分的相互关系,除此以外,还必须标注相应的实际尺寸,以明确表示形体的大小和各部分的相对位置关系。建筑形体投影图应标注的尺寸包括定形尺寸、定位尺寸和总体尺寸三种。

1. 定形尺寸

定形尺寸是指确定组成建筑形体的各基本体形状、大小的尺寸。

基本体形状简单,只要注出它的长度、宽度、高度或直径、半径等,就可以确定它的大小。尺寸一般注在反映该形体特征的实形投影上,并尽可能集中标注在一两个投影的下方和右方。

基本体定形尺寸标注如图 4.32(a)所示,形体的长度 220 和 300,宽度 50,高度 200。图 4.32(b)所示底部圆柱的直径 ϕ50、高度 20,上部圆柱的直径 ϕ30、高度 40。

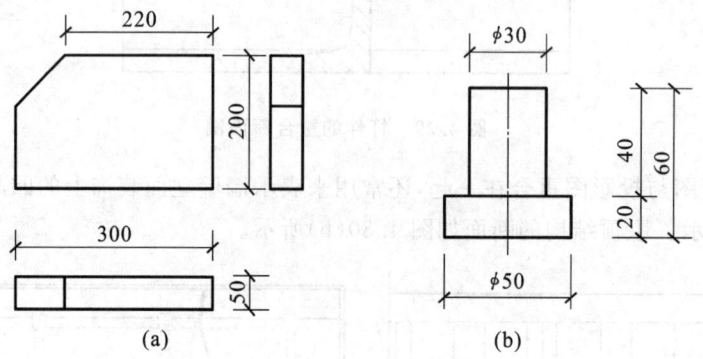

图 4.32　基本体定形尺寸标注示例

2. 定位尺寸

定位尺寸是确定各基本形体在建筑形体中相对位置的尺寸。

基本体定位尺寸标注如图 4.33(a)所示,四个孔洞的定位尺寸是:长度方向 220、40,宽度方向 80、40。图 4.33(b)中,两个孔洞的定位尺寸是:长度方向 40、10,宽度方向 20、10。

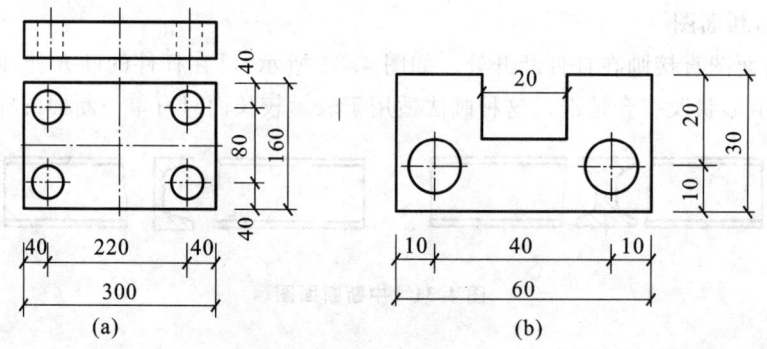

图 4.33　定位尺寸标注示例

3. 总体尺寸

总体尺寸是确定形体外形总长度、总宽度、总高度的尺寸。图 4.33(a)中,长度方向的 300 为形体的总长度,宽度方向的 160 为形体的总宽度。图 4.33(b)中长度方向的 60 为形体的总长度,宽度方向的 30 为形体的总宽度。

4.4.2　标注尺寸的步骤

以踏步为例,首先进行形体分析:踏步可以看成是由底部四棱柱、上部四棱柱和梯形棱柱组成。标注尺寸后的投影图如图 4.34 所示。

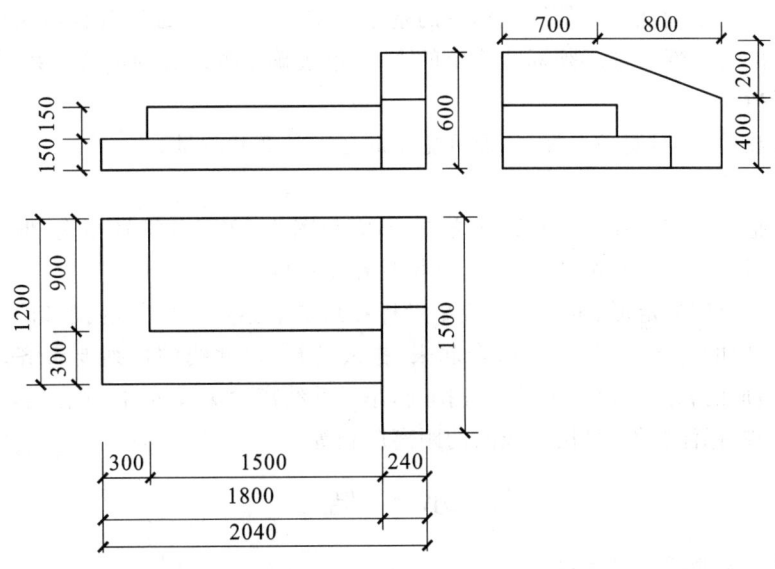

图 4.34 标注尺寸示例

1. 标注定形尺寸

标注各基本形体的定形尺寸,如底部四棱柱长 1800、宽 1200 和高 150;上部四棱柱长 1500、宽 900 和高 150;侧面梯形棱柱长 240,宽 700、800 和 1500,高 400、200、600 等。

2. 标注定位尺寸

标注定位尺寸,如上部四棱柱的左侧距离底部四棱柱的左侧面 300,上部四棱柱的前侧面距离底部四棱柱的前侧面 300。

3. 总体尺寸

标注定位尺寸,总长度 2040,总宽度 1500,总高度 600。

4. 尺寸检查复核

标注尺寸是一项极严肃的工作,必须认真负责、一丝不苟。检查有无尺寸被遗漏,标注尺寸数字必须正确无误和端正,同一张图幅内数字大小应一致。每一方向细部尺寸的总和应等于该方向的总尺寸。

在比较简单的视图上标注尺寸时,可以先将各个简单基本体的定形尺寸分别完整地标注出来,然后标注各简单基本体的定位尺寸,最后标注总尺寸。在比较复杂的视图上标注尺寸时,可以先标注一个简单基本体的定形尺寸,然后标注第二个简单基本体与第一个简单基本体的定位尺寸,再标注第二个简单基本体的定形尺寸……直到标注完最后一个简单基本体的尺寸为止,最后标注形体的总体尺寸。

4.4.3 标注尺寸的注意事项

图上的尺寸是施工的重要依据,标注尺寸时必须做到:注写正确、完整清晰、符合标准。除遵照国家标准的有关规定外,还要注意以下几点:

(1) 尺寸标注必须正确完整

尺寸标注的正确性和完整性是标注的基本要求,尺寸标注必须符合国家标准的基本要求。形体的每一部分都必须标注确定的大小,准确确定各部分的位置关系,各部分尺寸不能互相矛盾。

尺寸标注要齐全,避免漏标,不要到施工时还得计算和度量。

(2) 尺寸标注分布合理

一般应把尺寸布置在图形轮廓线之外,不宜与图线、文字及符号相交,但又要靠近被标注的基本形体。对某些细部尺寸,允许标注在图形内。

同一基本形体的定形、定位尺寸应尽量标在最能表达形体特征的投影图上,并把长、宽、高三个方向的定形、定位尺寸组合起来,排成几行,尺寸线的排列要整齐。排列尺寸时,从被注图形的轮廓线由近至远整齐排列,小尺寸线离轮廓线近,标注在内,大尺寸线应离轮廓线远些,标注在外,且尺寸线间的距离应相等。

小　　结

本项目主要介绍了以下内容:

1. 轴测投影

(1) 轴测投影的形成:将形体连同确定其空间位置的直角坐标系同时投射在一个投影面上所得到的投影称为轴测投影。

(2) 轴测投影的特性:平行性、度量性、变形性。

(3) 轴测投影的分类:

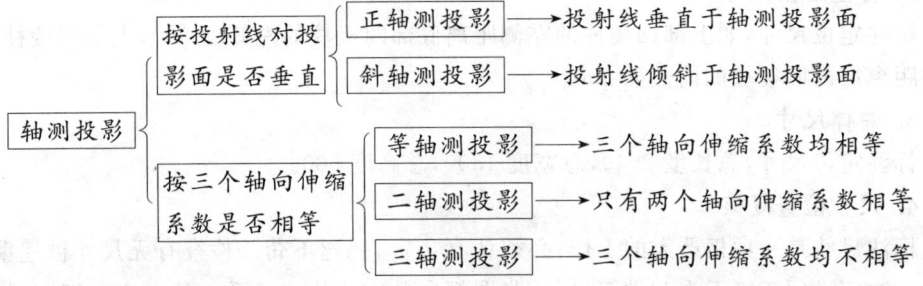

(4) 常用轴测投影

种类	作图方法	轴间角	轴向伸缩系数
正等测	投射线垂直于轴测投影面,三个轴向伸缩系数都相等	轴间角全部为120°	$p=q=r\approx0.82$,简化为 $p=q=r=1$
斜二测	轴测投影平行于正立投影面,投射方向倾斜于轴测投影面,有两个轴向伸缩系数相等	$\angle XOZ=90°$,OY 与水平方向成45°	$p=r=1$,$q=0.5$

2. 轴测投影的画法:坐标法、切割法、叠加法、端面法。

3. 剖面图

(1) 剖面图的形成:假想用一个剖切面将形体剖开,移去剖切面与观察者之间的部分,对剩余部分作正投影,并将剖切面与形体接触的部分画上剖面线或材料图例,这样得到的投影图称为剖面图。

(2) 剖面图的标注:剖面图的剖切符号由剖切位置线及投射方向线组成。

(3) 剖面图的线型:被剖切面切到部分的轮廓线用粗实线绘制;轮廓线内画材料图例线,在不指明材料时,可以用等间距、同方向的45°细实线来表示;剖切面没有切到,但沿投射方向可以看到的部分,用中实线绘制;不可见的线(虚线)一般不再画出。

(4) 剖面图的分类:全剖面图、半剖面图、局部剖面图、阶梯剖面图、旋转剖面图。

4. 断面图

(1) 断面图的形成:假想用剖切平面将形体剖开后,仅将剖切面与形体接触部分即截断面向剖切面所平行的投影面作正投影,所得到的图形称为断面图。

(2) 断面图的标注:断面图的标注由剖切位置线和编号两部分组成。

(3) 剖面图与断面图的区别:投影主体不同、图示内容不同、剖切符号的标注不同。

(4) 断面图的分类:移出断面图、重合断面图、中断断面图。

5. 建筑形体的尺寸

(1) 标注尺寸的种类:定形尺寸、定位尺寸、总体尺寸。

(2) 标注尺寸的步骤:标注定形尺寸,标注定位尺寸、总体尺寸,尺寸检查复核。

(3) 标注尺寸的注意事项:尺寸标注必须正确完整、尺寸标注分布合理。

复习思考题

1. 常用的轴测投影有哪两种?它们之间的区别是什么?
2. 常用的剖面图有哪几种?各在什么情况下使用?
3. 常用的断面图有哪几种?各在什么情况下使用?
4. 剖面图和断面图有什么区别?
5. 简述建筑形体尺寸标注的内容、步骤和注意事项。

项目 5　建筑工程施工图认知

教学目标

1. 了解房屋建筑的分类及组成,以及各组成部分的名称和作用;
2. 了解施工图的产生、分类及主要内容;
3. 掌握施工图中的常用符号和图例;
4. 初步掌握建筑施工图的识读方法。

知识链接

建筑物的分类

1. 按使用性质分类

(1)居住建筑:指供家庭或个人较长时期居住使用的建筑。

(2)公共建筑:指供人们购物、办公、学习、医疗、旅行、体育等使用的非生产性建筑,如办公楼、商店、旅馆、影剧院、体育馆、展览馆、医院等。

(3)工业建筑:指供工业生产使用或直接为工业生产服务的建筑,如厂房、仓库等。

(4)农业建筑:指供农业生产使用或直接为农业生产服务的建筑,如料仓、养殖场等。

2. 按层数或总高度分类

(1) 低层住宅:1~3层;

(2) 多层住宅:4~6层;

(3) 中高层住宅:7~9层;

(4) 高层住宅:10层及以上。

公共建筑及综合性建筑,总高度超过 24 m 为高层,但不包括总高度超过 24 m 的单层建筑。建筑总高度超过 100 m 的,不论是住宅还是公共建筑均称为超高层建筑。

3. 按建筑结构分类

(1)砖木结构建筑:这类建筑物的主要承重构件是用砖木做成的,其中竖向承重构件的墙体和柱采用砖砌,水平承重构件的楼板、屋架采用木材。这类建筑物的层数一般较低,通常在 3 层以下。古代建筑和 20 世纪 50,60 年代的建筑多为此种结构。

(2)砖混结构建筑:这类建筑物的竖向承重构件采用砖墙或砖柱,水平承重构件采用钢筋混凝土楼板。这类建筑物的层数一般在六层以下,造价低、抗震性差,开间、进深及层高都受限制。

(3)钢筋混凝土结构建筑:这类建筑物的承重构件(如梁、板、柱、墙、屋架等)由钢筋和混凝土两大材料构成。其围护构件如外墙、隔墙等是由轻质砖或其他砌体做成的。其特点是结构适应性强,抗震性好,耐久年限长。钢筋混凝土结构房屋的种类有框架结构、框架剪力墙结构、剪力墙结构等。

(4) 钢结构建筑：这类建筑物的主要承重构件均是用钢材构成，其建筑成本高，多用于多层公共建筑或跨度大的建筑。

4. 按建筑物的施工方法分类

(1) 现浇现砌式建筑：这种建筑物的主要承重构件均是在施工现场浇筑和砌筑而成。

(2) 预制、装配式建筑：这种建筑物的主要承重构件是在加工厂制成预制构件，在施工现场进行装配而成。

(3) 部分现浇现砌、部分装配式建筑：这种建筑物的一部分构件（如墙体）是在施工现场浇筑或砌筑而成，一部分构件（如楼板、楼梯）则采用在加工厂制成的预制构件。

5. 按建筑耐久年限分类

(1) 一级建筑：耐久年限为100年以上，适用于重要的建筑和高层建筑。

(2) 二级建筑：耐久年限为50～100年，适用于一般性建筑。

(3) 三级建筑：耐久年限为25～50年，适用于次要的建筑。

(4) 四级建筑：耐久年限为15年以下，临时性建筑。

5.1 建筑物的组成部分及作用认知

建筑物一般由基础、墙或柱、楼地层、楼梯、门窗、屋顶六大部分组成，如图5.1所示。

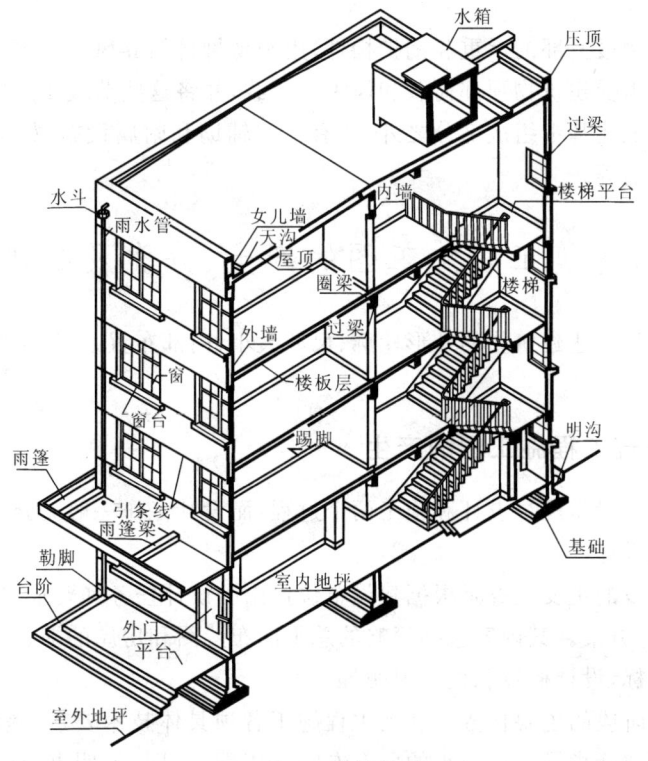

图5.1 建筑物的组成

根据它们所处的位置不同,作用也不同。

1. 基础

基础是建筑物最下部的承重构件,它承受着建筑物的全部荷载,并将这些荷载传到地基上。

2. 墙和柱

墙和柱都是建筑物的竖向承重构件。墙的作用主要是承重、围护和分隔空间。作为承重构件,它承受着屋顶、楼层传来的各种荷载,并把这些荷载传给基础。作为围护结构,外墙起着抵御自然界风、雨、寒暑及太阳辐射热的作用。内墙则起着分隔空间、隔声、遮挡视线、避免相互干扰等作用。

3. 楼地层

楼地层指楼板和地面。楼板是建筑中水平方向的承重构件,它将楼层的荷载传给墙或柱,同时又用来分隔楼层空间。

4. 楼梯

楼梯是建筑中联系上下层的垂直交通设施,供人们上下楼层和发生紧急事故时安全疏散之用。

5. 门窗

门的功能主要是供人们出入建筑物和房间,窗主要用来采光、通风和观景。由于门窗均是建筑立面造型的重要组成部分,因此在设计中还应注意门窗在立面上的艺术效果。

6. 屋顶

屋顶是建筑物最上部的承重和围护构件,用来抵御自然界风、霜、雨、雪等的侵袭和太阳的辐射。屋顶承受建筑物顶部荷载和风雪的荷载,并将这些荷载传给墙或柱。

建筑物除了上述基本组成部分之外,还有一些辅助和附属设施,如雨篷、散水、阳台、台阶、烟囱、通风道等。

5.2 建筑工程施工图的产生、分类及编排顺序

建筑施工图是表达建筑物的外形轮廓、尺寸大小、内部布置、内外装修、各部分构造和材料做法的图纸。

5.2.1 建筑工程施工图的产生

房屋的建造一般需经过设计和施工两个过程,而设计工作一般又分为两个阶段,即初步设计和施工图设计。

初步设计阶段的主要任务是根据建设单位提出的设计任务和要求,进行调查研究、搜集资料,提出设计方案。其内容包括简略的总平面布置图和房屋的平、立、剖面图,设计方案的技术经济指标,设计概算和设计说明等。

施工图设计阶段的主要任务是满足工程施工各项具体技术要求,提供准确可靠的施工依据。其内容包括指导工程施工的所有专业施工图、详图、说明书、计算书及整个工程的施工预算书等。施工图内容必须详细、完整,尺寸标注必须正确无误,画法必须符合国

家建筑制图标准的有关规定。

对于大型的、技术较复杂的工程项目,也有采用三个设计阶段的,即在初步设计基础上增加一个技术设计阶段。

5.2.2 建筑工程施工图的分类

建筑工程施工图根据专业分工不同,可分为三大类。

1. 建筑施工图(简称建施)

主要表示建筑物的内部布置情况、外部形状及装修、构造和施工要求等。

建筑施工图分为基本图和详图。其基本图包括建筑总平面图、平面图、立面图和剖面图等;建筑详图包括墙身剖面图、楼梯详图、浴厕详图、门窗详图及门窗表,以及各种装修、构造做法、说明等。

在建筑施工图的标题栏内均注写"建施××号",以便查阅。

2. 结构施工图(简称结施)

主要表示房屋承重结构的布置情况、构件类型以及构件内部的配筋情况等。

结构施工图分为基本图和详图。其基本图包括基础平面图、楼层结构平面图、屋顶结构平面图、楼梯结构图等;结构详图包括基础详图、梁、板、柱等构件详图及节点详图等。

在结构施工图的标题栏内均注写"结施××号",以便查阅。

3. 设备施工图(简称设施)

设施包括三部分专业图纸:给水排水施工图、采暖通风施工图、电气施工图。它们的图纸由平面布置图、管线走向系统图(如轴测图)和设备详图等组成。

在这些图纸的标题栏内分别注写"水施××号"、"暖施××号"、"电施××号",以便查阅。

5.2.3 建筑工程施工图的编排顺序

整套图纸的编排顺序一般为:

(1)首页图:包括图纸目录、施工总说明(说明工程概况和总的要求,对于中小型工程,总说明可编在建筑施工图内)、汇总表等;

(2)建筑施工图;

(3)结构施工图;

(4)设备施工图,一般按水施、暖施、电施的顺序排列。如果是以某专业工种为主体的工程,则应该突出该专业施工图而另外编排。

各专业的施工图应按图纸内容的主次关系系统地安排。例如基本图在前,详图在后;总体图在前,局部图在后;主要部分在前,次要部分在后;布置图在前,构件图在后;先施工的在前,后施工的在后等。

5.3 建筑工程施工图有关制图标准认知

建筑工程施工图的绘制是投影理论、图示方法及有关专业知识的综合应用,因此,要

读懂施工图纸的内容,必须做好下面一些准备工作:
(1) 应掌握作投影图的原理以及形体的各种表示方法。
(2) 要熟悉施工图中常用的图例、符号、线型、尺寸和比例的意义。

5.3.1 建筑工程施工图常用图例

由于房屋的构、配件和材料种类较多,为作图简便起见,国家标准规定了一系列的图形符号来代表建筑构配件、卫生设备、建筑材料等,这种图形符号称为图例。表5.1所示为常用建筑材料图例,表5.2所示为总平面图例,表5.3所示为构件与配件图例。

表5.1 常用建筑材料图例

序号	名 称	图 例	备 注
1	自然土壤		包括各种自然土壤
2	夯实土壤		—
3	砂、灰土	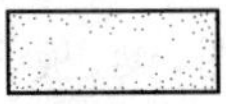	—
4	砂砾石、碎砖三合土	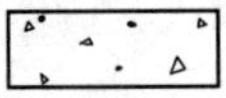	—
5	石 材	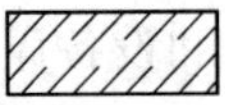	—
6	毛 石		—
7	普通砖	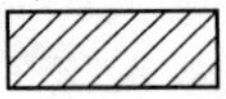	包括实心砖、多孔砖、砌块等砌体。断面较窄不易绘出图例线时,可涂红,并在图纸备注中加注说明,画出该材料图例
8	耐火砖	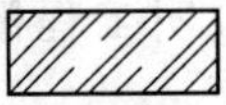	包括耐酸砖等砌体
9	空心砖	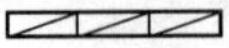	指非承重砖砌体
10	饰面砖		包括铺地砖、马赛克、陶瓷锦砖、人造大理石等
11	焦渣、矿渣	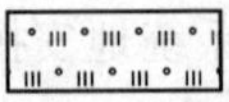	包括与水泥、石灰等混合而成的材料
12	混凝土	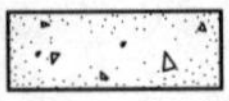	1.本图例指能承重的混凝土及钢筋混凝土 2.包括各种强度等级、骨料、添加剂的混凝土
13	钢筋混凝土		3.在剖面图上画出钢筋时,不画图例线 4.断面图形小,不易画出图例线时,可涂黑

续表 5.1

序号	名称	图例	备注
14	多孔材料	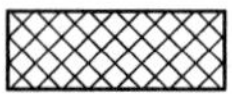	包括水泥珍珠岩、沥青珍珠岩、泡沫混凝土、非承重加气混凝土、软木、蛭石制品等
15	纤维材料	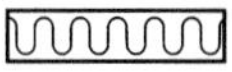	包括矿棉、岩棉、玻璃棉、麻丝、木丝板、纤维板等
16	泡沫塑料材料	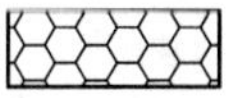	包括聚苯乙烯、聚乙烯、聚氨酯等多孔聚合物类材料
17	木材		1.上图为横断面,上左图为垫木、木砖或木龙骨 2.下图为纵断面
18	胶合板		应注明为×层胶合板
19	石膏板	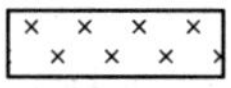	包括圆孔、方孔石膏板、防水石膏板等
20	金属	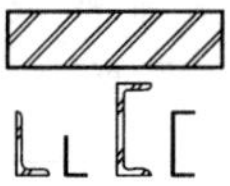	1.包括各种金属 2.图形小时,可涂黑
21	网状材料		1.包括金属、塑料网状材料 2.应注明具体材料名称
22	液体	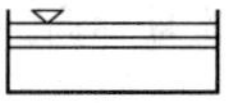	应注明具体液体名称
23	玻璃		包括平板玻璃、磨砂玻璃、夹丝玻璃、钢化玻璃、中空玻璃、加层玻璃、镀膜玻璃等
24	橡胶		—
25	塑料		包括各种软、硬塑料及有机玻璃等
26	防水材料		构造层次多或比例大时,采用上面图例
27	粉刷		本图例采用较稀的点

注:序号1、2、5、7、8、13、14、16、17、18、24、25图例中的斜线、短斜线、交叉斜线等均为45°。

表 5.2 总平面图例

名 称	图 例	说 明	名 称	图 例	说 明
新的建筑物	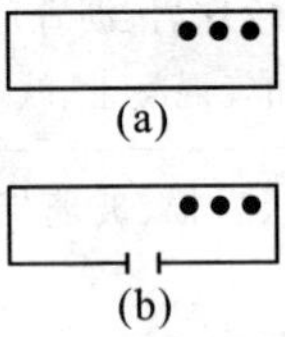 (a) (b)	(a)为不画出入口的图例，(b)为画出入口的图例	原有的建筑物	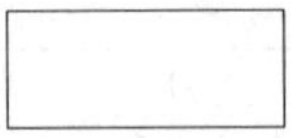	用细实线表示
计划扩建的预留地或建筑物		用中粗虚线表示	拆除的建筑物	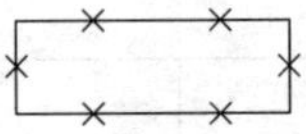	用细实线表示
新建的地下建筑物或构筑物	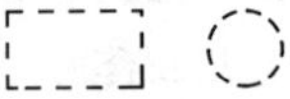	用粗虚线表示	建筑物下面的通道		
散状材料露天堆放	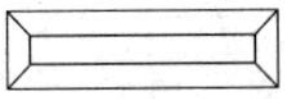	需要时可注明名称	其他材料露天堆放或露天作业场	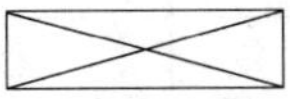	需要时可注明名称
铺砌场地	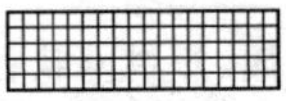		敞篷或敞廊	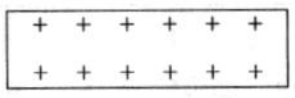	
室内标高	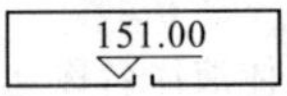 151.00	注写绝对标高数字	室外标高	 143.00	注写小数后两位
围墙	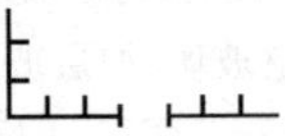	表示砖石、混凝土或金属材料的围墙	桥梁	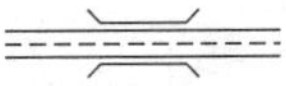	公路桥
	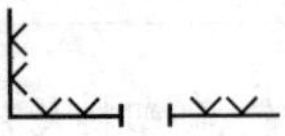	表示镀锌铁丝网、篱笆等围墙			铁路桥 用于旱桥时应注明
原有道路			计划扩建的道路		
填挖连坡护坡	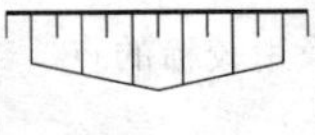	边坡较长时，可在一端或两端局部表示	烟囱		实线为烟囱下部直径，虚线为基础
水池、坑槽			挡土墙		被挡土墙在"突出"的一侧

续表 5.2

名 称	图 例	说 明	名 称	图 例	说 明
坐标	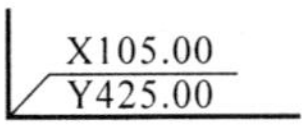 X105.00 / Y425.00	表示测量坐标	雨水井		
	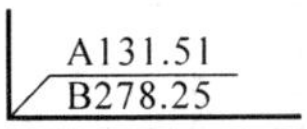 A131.51 / B278.25	表示施工坐标	消火栓井		
草地	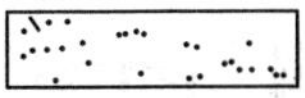		花坛	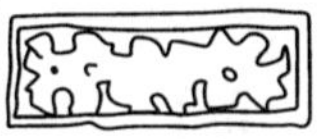	
台阶	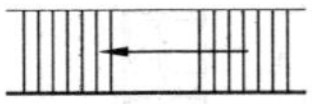	箭头指向表示向上	排水明沟	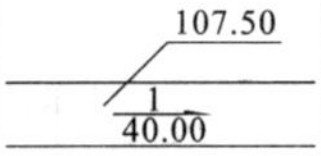 107.50 / 1 / 40.00	"1"表示沟底纵向坡度值为1%,"40.00"表示变坡点间的距离,箭头表示水流方向,"107.50"表示沟底标高

表 5.3 构件与配件图例

名 称	图 例	说 明	名 称	图 例	说 明
楼梯	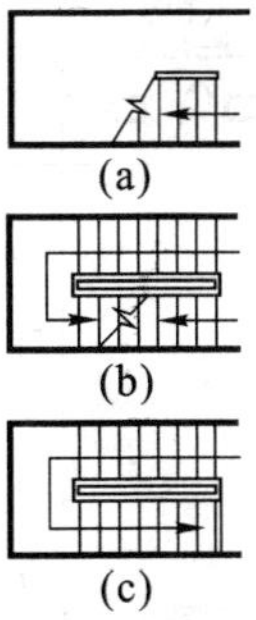 (a) (b) (c)	1.(a)为底层楼梯平面图,(b)为中间层楼梯平面图,(c)为顶层楼梯平面图 2.楼梯的形式及步数应按实际情况绘制	电梯	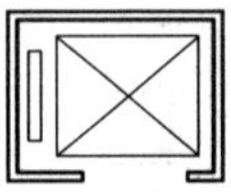	1.电梯应注明类型 2.门和平衡锤的位置应按实际情况绘制
坡度	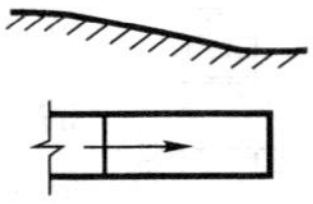		检查孔	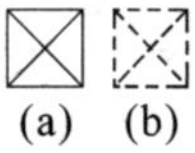 (a) (b)	(a)为可见检查孔,(b)为不可见检查孔
孔洞			坑槽		
墙预留洞	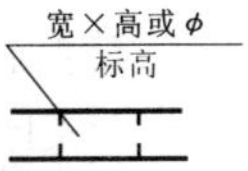 宽×高或φ / 标高		墙预留槽	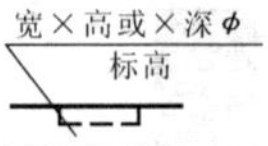 宽×高×深φ / 标高	

续表 5.3

名　称	图　例	说　明	名　称	图　例	说　明
烟道			通风道		
新建的墙和窗	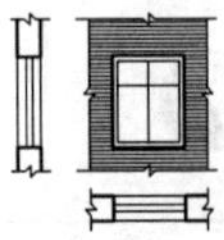	本图为砖墙图例，若用其他材料，应按所用材料的图例绘制	空门洞		
单扇门（包括平开或单面弹簧）		1. 门的名称代号用 M 表示 2. 剖面图中，左为外，右为内；平面图中，下为外，上为内 3. 立面图中开启方向线交角的一侧为安装合叶的一侧，实线为外开，虚线为内开 4. 平面图中的开启弧线及立面图中的开启方向线，在一般设计图中不需要表示，仅在制作图上表示 5. 立面形式应按实际情况绘制（以下门的说明同上）	单扇双开弹簧门		
墙外单扇推拉门			双扇门（包括平面或单面弹簧门）		
			墙外双扇推拉门	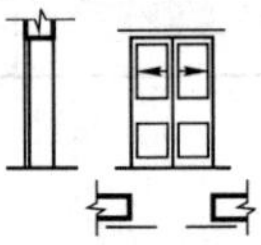	
			双扇双面弹簧门	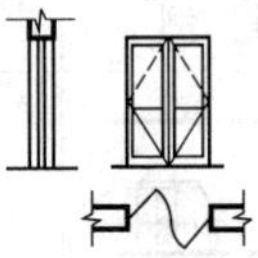	
双扇内外开双层门（包括平开或单面弹簧）			单层固定窗	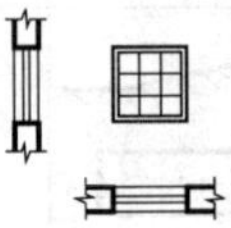	1. 窗的名称代号用 C 表示 2. 立面图中的斜线表示窗开关方向，实线为外开，虚线为内开，开启方向线交角的一侧为安装合叶的一侧，一般设计图中可不表示 3. 剖面图上，左为外，右为内；平面图上，下为外，上为内
双开折叠门					
转门					
卷门					

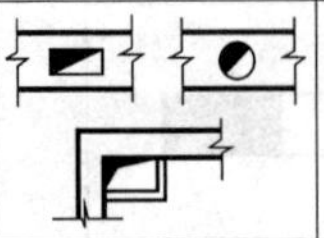

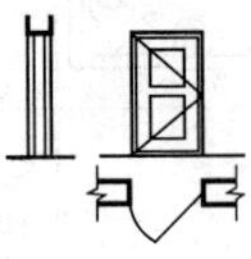

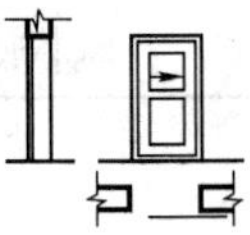

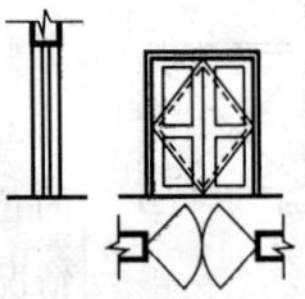

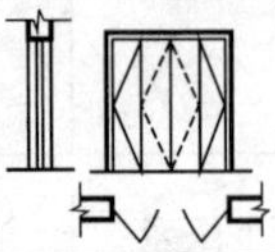

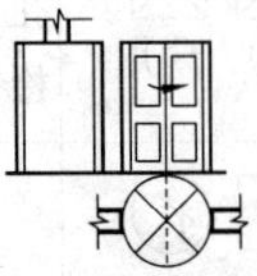

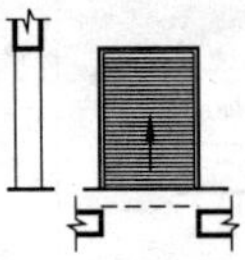

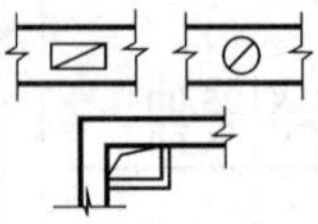

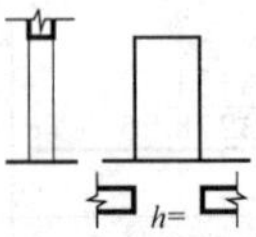

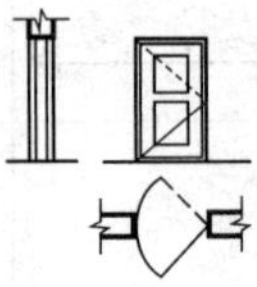

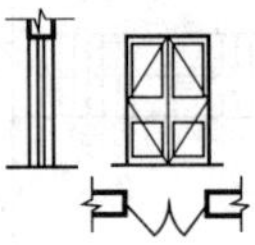

续表 5.3

名　称	图　例	说　明	名　称	图　例	说　明
单层外开上悬窗	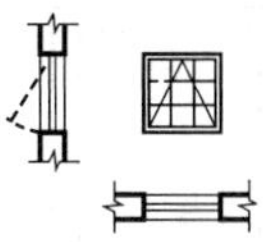		单层固定窗	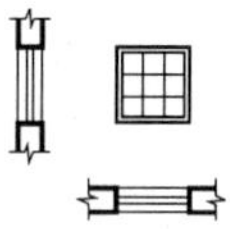	4. 平、剖面图上的虚线仅说明开关方向,在设计图中不需表示
单层中悬窗	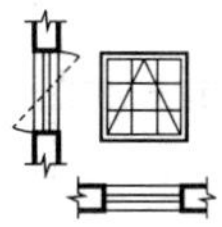				5. 窗的立面形式应按实际情况绘制(以下窗的说明同上)
单扇外开平开窗	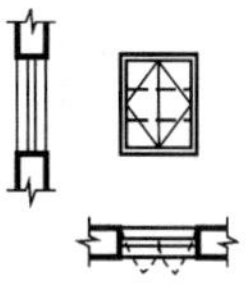		立转窗	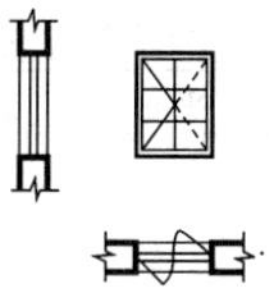	
双扇内外开平开窗	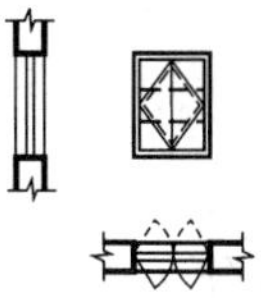		左右推拉窗	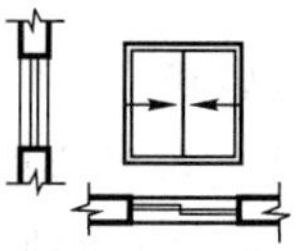	
上推窗	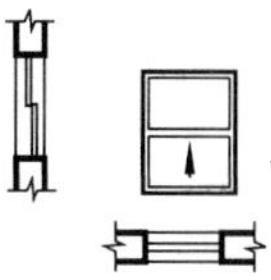		百叶窗	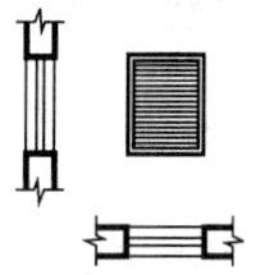	

5.3.2　建筑工程施工图常用符号

1. 定位轴线及其编号

建筑工程施工图的定位轴线是建造房屋时砌筑墙身、浇筑柱梁、安装构配件等施工定位的依据。凡是墙、柱、梁或屋架等主要承重构件,都应画出定位轴线,并编号确定其位置。对于非承重的分隔墙、次要的承重构件,可编绘附加轴线,有时也可以不编绘附加轴线,而直接注明其与附近的定位轴线之间的尺寸。

(1) 定位轴线的画法及编号

① 根据国际标准规定,定位轴线采用细单点长画线表示。轴线编号的圆圈用细实线,直径为 8～10 mm。

② 定位轴线圆的圆心应在定位轴线的延长线或延长线的折线上,且圆内应注写轴线编号。

③ 在平面图上水平方向的编号采用阿拉伯数字,从左向右依次编写。垂直方向的编号用大写拉丁字母自下而上顺次编写。拉丁字母中的 I、O 及 Z 三个字母不得作轴线编号,以免与数字 1、0 及 2 混淆。

④ 在较简单或对称的房屋中,平面图的轴线编号,一般标注在图形的下方及左侧。较复杂或不对称的房屋,图形上方和右侧也可标注。如图 5.2 所示。

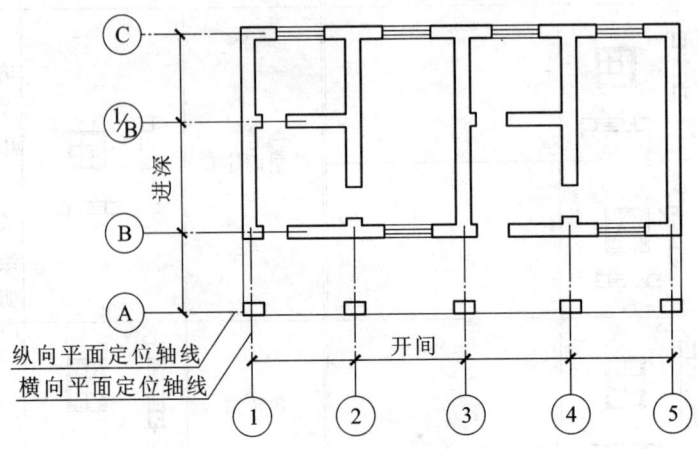

图 5.2 定位轴线及编号方法

(2) 附加定位轴线

附加定位轴线的编号应以分数形式表示并应按下列规定编写:

① 两根轴线间的附加轴线应以分母表示前一轴线的编号,分子表示附加轴线的编号,编号宜用阿拉伯数字顺序编写,如:

$\dfrac{1}{2}$ 表示 2 号轴线之后附加的第一根轴线;

$\dfrac{3}{C}$ 表示 C 号轴线之后附加的第三根轴线。

② 1 号轴线或 A 号轴线之前的附加轴线的分母应以 01 或 0A 表示,如:

$\dfrac{1}{01}$ 表示 1 号轴线之前附加的第一根轴线;

$\dfrac{3}{0A}$ 表示 A 号轴线之前附加的第三根轴线。

(3) 详图的轴线编号

在画详图时,如一个详图适用于几个轴线时,应同时将各有关轴线的编号注明,如图 5.3 所示。

图 5.3 详图的轴线编号

通用详图中的定位轴线,应只画圆不注写轴线编号。

定位轴线也可采用分区编号,其注写形式可参照国家标准有关规定。

2. 标高符号

在总平面图、平面图、立面图和剖面图上,经常用标高符号表示某一部位的高度。

(1) 标高的分类

标高按基准面选取的不同可分为绝对标高和相对标高。

① 绝对标高:以我国青岛附近黄海的平均海平面为零点测出的高度尺寸。

② 相对标高:以建筑物室内首层主要地面为零点测出的高度尺寸。

(2) 标高符号的画法

标高符号应以直角等腰三角形表示,如图 5.4(a)所示,用细实线绘制。如标注位置不够,也可按图 5.4(b)所示形式绘制。标高符号的具体画法如图 5.4(c)、(d)所示。

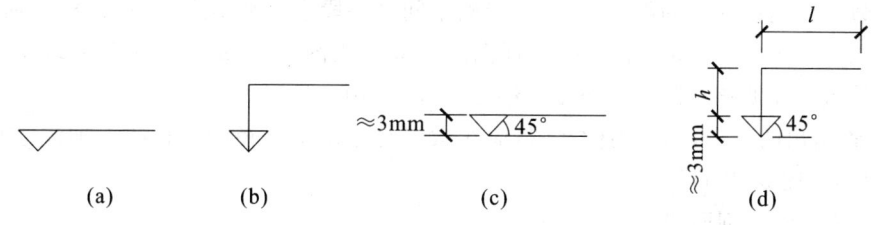

图 5.4　标高符号的画法

l—取适当长度注写标高数字;h—根据需要取适当高度

标高符号的尖端应指至被注高度的位置,尖端宜向下,也可向上。标高数字应注写在标高符号的上侧或下侧,如图 5.5 所示。

图 5.5　标高的指向　　　　图 5.6　总平面图室外地坪标高符号

(3) 总图标高符号

总平面图室外地坪标高符号宜用涂黑的三角形表示,具体画法如图 5.6 所示。

(4) 标高的单位及注写方式

标高数字应以米为单位,注写到小数点后第三位,在总平面图中可注写到小数点后第二位。

零点标高应注写成"±0.000",正数标高不注"+",负数标高应注"−",如 3.000、−0.600。

在图样的同一位置需表示几个不同标高时,标高数字可按图 5.7 的形式注写。

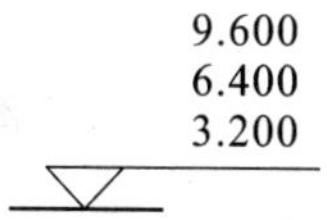

图 5.7　同一位置注写多个标高数字

3. 索引符号

(1) 索引符号的画法

图样中的某一局部或构件,如需另见详图,应以索引符号索引。索引符号的圆及直径均应以细实线绘制,圆的直径应为 8～10 mm,如图 5.8(a)所示。

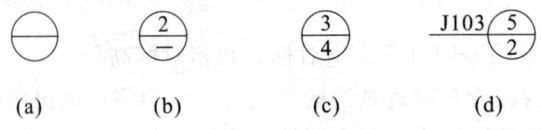

图 5.8 索引符号

(2) 索引符号的编写规定

① 索引出的详图,如与被索引的详图同在一张图纸内,应在索引符号的上半圆中用阿拉伯数字注明该详图的编号,并在下半圆中间画一段水平细实线,如图 5.8(b)所示。

② 索引出的详图,如与被索引的详图不在同一张图纸内,应在索引符号的下半圆中用阿拉伯数字注明该详图所在图纸的编号,如图 5.8(c)所示。

③ 索引出的详图,如采用标准图,应在索引符号水平直径的延长线上加注该标准图集的编号,如图 5.8(d)所示。

(3) 用于索引剖面图的索引符号

索引符号如用于索引剖面详图,应在被剖切的部位绘制剖切位置线,并以引出线引出索引符号,引出线所在的一侧应为剖视方向,如图 5.9 所示。

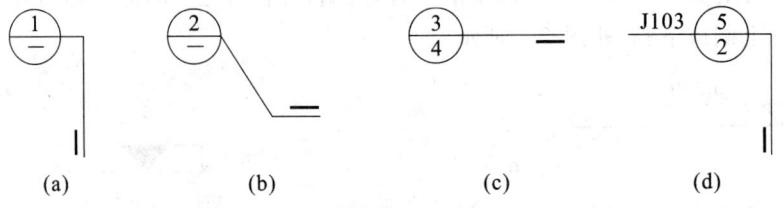

图 5.9 用于索引剖面详图的索引符号

4. 详图符号

详图的位置和编号应以详图符号表示。详图符号应以粗实线绘制,直径应为 14mm。详图应按下列规定编号:

(1) 详图与被索引的图样同在一张图纸内时,应在详图符号内用阿拉伯数字注明详图的编号,如图 5.10 所示。

图 5.10 与被索引图样同在一张图纸内的详图符号   图 5.11 与被索引图样不在同一张图纸内的详图符号

(2) 详图与被索引的图样不在同一张图纸内时,可用细实线在详图符号内画一水平直径,在上半圆中注明详图编号,在下半圆中注明被索引图纸的编号,如图5.11所示。

5. 引出线

(1)引出线的画法

引出线应以细实线绘制,宜采用水平方向的直线,与水平方向成30°、45°、60°、90°的直线,或经上述角度再折为水平线。文字说明宜注写在水平线的上方[见图5.12(a)],也可注写在水平线的端部[见图5.12(b)]。索引详图的引出线应与水平直径线相连接,如图5.12(c)所示。

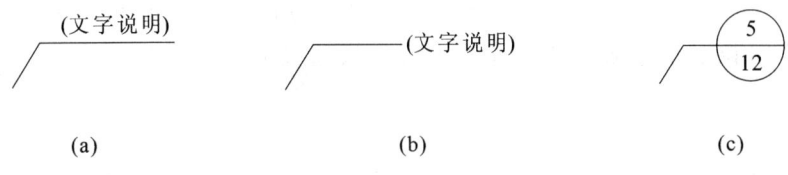

图 5.12 引出线

(2)共同引出线

同时引出几个相同部分的引出线,宜互相平行[见图5.13(a)],也可画成集中于一点的放射线[见图5.13(b)]。

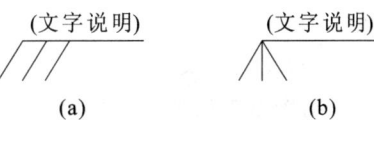

图 5.13 共同引出线

(3)多层构造引出线

多层构造或多层管道共用引出线,应通过被引出的各层,并用圆点示意对应各层次。文字说明宜注写在水平线的上方,也可注写在水平线的端部,说明的顺序应由上至下,并应与被说明的层次对应一致;如层次为横向排列,则由上至下的说明顺序应与由左至右的层次对应一致,如图5.14所示。

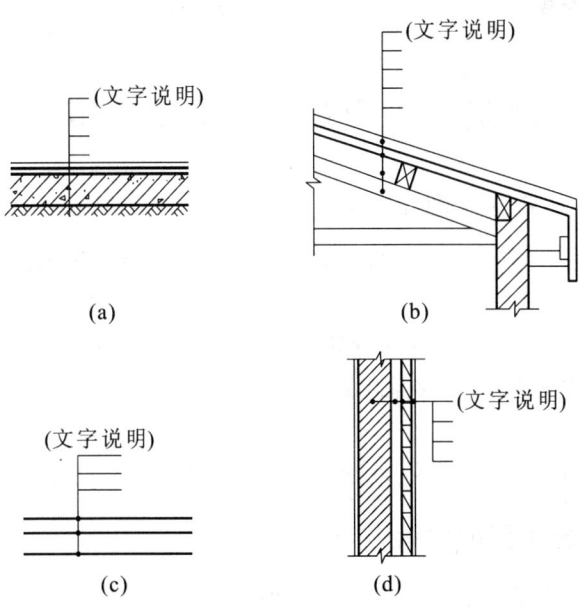

图 5.14 多层构造引出线

6. 其他符号

(1) 对称符号

对称符号由对称线和两端的两对平行线组成。对称线用细单点长画线绘制,平行线用细实线绘制,其长度宜为 6～10 mm,每对的间距宜为 2～3 mm。对称线垂直平分于两对平行线,两端超出平行线宜为 2～3 mm,如图 5.15 所示。

图 5.15 对称符号

(2) 连接符号

连接符号应以折断线表示需连接的部位。两部位相距过远时,折断线两端靠图样一侧应标注大写拉丁字母表示连接编号。两个被连接的图样应用相同的字母编号,如图 5.16 所示。

(3) 指北针

指北针的形状如图 5.17 所示,其圆的直径宜为 24 mm,用细实线绘制。指针尾部的宽度宜为 3 mm。指针头部应注"北"或"N"字。需用较大直径绘制指北针时,指针尾部宽度宜为直径的 1/8。

(4) 变更云线

对图纸中局部变更部分宜采用云线,并应注明修改版次,如图 5.18 所示。

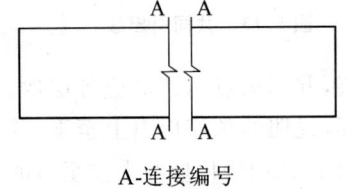

A-连接编号

图 5.16 连接符号

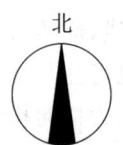

图 5.17 指北针

图 5.18 变更云线

注:1 为修改次数

5.4 建筑施工图的图示特点和识读方法

5.4.1 建筑施工图的图示特点

(1) 建筑施工图中的各种图样,除设备施工图中的管道系统图外,都是采用正投影的方法绘制的。

(2) 由于建筑施工图是按比例将建筑物缩小绘制到施工图中,一些细部构造、配件及卫生设备等不能如实画出,因此多采用各种图例符号或代号来表示,并辅以文字说明。

(3) 房屋设计中有许多构配件已有标准定型设计,并配有标准图集可供查阅。因此,建筑施工图中凡采用标准设计之处,只标出标准图集的编号、页数、图号就可以了。

5.4.2 建筑施工图的识读方法

(1) 总体了解 首先根据图纸目录,依据"建施"、"结施"、"设施"的顺序,检查施工图是否齐全规范。配齐施工图中所采用的标准图集,以便查阅和使用。然后根据总平面图和施工说明,了解工程概况,如设计单位、建设单位、建筑用途、周边环境、位置和朝向、施工技术要求等;根据平、立、剖面图,了解建筑物的平面形式、立面造型、层数、建筑面积、装修标准、主体结构形式等。

(2)顺序识读 看图的顺序和方法一般是由外向里、由小到大、由粗到细。可以按照施工的先后顺序,从基础、墙体、结构平面布置、建筑构造及装修的顺序识读。当积累了一定的识图经验以后,也可根据工作需要来安排看图顺序,以便及时配合施工进度。

(3)前后对照 看图时,要注意将图样与说明对照着看;平面图、立面图、剖面图对照着看;"建施"、"结施"、"设施"对照着看。由于施工图较为复杂,初看往往不易看懂。在看图过程中如发现问题,要逐一核对,以免判断错误。

(4)重点细读 一般图中的关键部位是:定位轴线及编号,开间、进深、层高、标高、墙厚、梁、柱断面等尺寸,各构配件代号、数量和部位,钢筋编号、形状和数量,混凝土标号及砂浆标号等。对于这些重点内容要仔细阅读,边看边记,如有问题及时向相关部门反映。

小　　结

本项目主要介绍了以下内容:

(1)建筑物的组成和各部分的作用:建筑物一般由基础、墙或柱、楼地层、楼梯、门窗、屋顶六大部分组成。

(2)建筑施工图的分类和编排顺序:根据专业分工不同,可分为建筑施工图、结构施工图、设备施工图三大类。

(3)建筑工程施工图的编排顺序:首页图、建筑施工图、结构施工图、设备施工图。

(4)建筑工程施工图常用图例:定位轴线及其编号、标高符号、索引符号、详图符号、引出线、对称符号、连接符号、指北针等。

(5)建筑施工图的识读方法:总体了解、顺序识读、前后对照、重点细读。

复习思考题

1. 建筑物一般由哪几部分组成?
2. 什么是定位轴线和附加轴线?定位轴线的编号是怎样规定的?
3. 什么是索引符号和详图符号?
4. 什么是标高?标高可分为哪几类?
5. 简述建筑施工图的编排顺序。
6. 简述建筑施工图的识读方法。

项目6 建筑施工图识读

1. 掌握施工图首页的构成及作用,能读懂图纸目录,能阅读设计说明,会识读门窗表、材料做法表等;
2. 掌握建筑总平面图的图示内容及作用,会识读总平面图;
3. 掌握建筑平面图、立面图、剖面图的作用及图示内容与识读方法,会识读建筑平面图、立面图和剖面图;
4. 掌握房屋建筑外墙墙身构造详图的作用、图示内容与识读方法,会识读房屋建筑外墙墙身构造详图;
5. 理解楼梯详图的主要内容,会识读楼梯平面图和剖面详图。

建筑施工图主要用来表示建筑物的总体布局、外部形状、内部空间、房间布置、内外装饰、建筑构造做法等,包括图纸目录、设计说明、总平面图、平面图、立面图、剖面图、详图等。

6.1 首页图阅读和总平面图识读

6.1.1 首页图阅读

首页图一般包括图纸目录、设计总说明及门窗表等。

1. 图纸目录

图纸目录放在一套图纸的最前面,说明本工程的图纸类别、图纸编排、图纸名称和备注等,以方便图纸的查阅。图纸目录一般包括图号、图纸名称、张数及相应的幅面大小。

【识读实例】

表 6.1 是某小型住宅楼建筑施工图图纸目录,从序号可以看出,本套图纸共有建筑施工图9张。其中图纸目录和门窗说明表为 A4 图纸,其余均为 A2 加长图纸(A2 加长 1/4,幅面尺寸为 420×743)。其中图号为"建施-01"的图纸是建筑施工图的第一张图纸,该图纸为门窗详图和建筑总平面图,其图纸右下角标题栏内的图号应与图纸目录对应。

表 6.1 图纸目录

序号	图号	图纸名称	张数	幅号	备注
1	建施-TM	图纸目录	1	A4	
2	建施-TB	门窗说明表	1	A4	
3	建施-SM	建筑设计总说明	1	A2+1/4	

续表 6.1

序号	图号	图纸名称	张数	幅号	备注
4	建施-01	门窗详图 建筑总平面图	1	A2＋1/4	
5	建施-02	底层平面图 二层平面图	1	A2＋1/4	
6	建施-03	三层平面图 屋面平面图	1	A2＋1/4	
7	建施-04	Ⓐ—Ⓐ立面图 1—1立面图	1	A2＋1/4	
8	建施-05	A—A剖面图 底层楼梯平面图 二层楼梯平面图 三层楼梯平面图	1	A2＋1/4	
9	建施-06	墙身大样图	1	A2＋1/4	

2. 设计说明

设计说明包括工程概况和总体要求,是设计者的纲领性文件。内容包括设计依据、工程概况、工程做法及材料要求等。

（1）设计依据

主要包括该项目建筑施工图设计的依据性文件、批文和相关规范等。

（2）工程概况

主要包括工程名称、建设地点、建设单位、建筑面积、建筑类别、耐火等级、抗震烈度、建筑层数、结构形式、建筑高度、设计标高、防水等级以及其他能够反映建筑规模的主要技术经济指标。

（3）工程做法

包括墙体、地面、楼面、屋面、防水工程、内外装修、门窗做法等,以及勒脚、散水、台阶、坡道、油漆、涂料等所用材料和做法,可用文字说明,也可直接在图上引注或加注索引号。

【识读实例】

从图 6.1 设计说明及图 6.2 材料做法表可知,该工程为某小区住宅楼,总建筑面积 622.73 m²,建筑类别为三类,耐火等级为二级,抗震设防烈度为 8 度,结构形式为框架结构,建筑物东西向长度为 19.5 m,南北向宽度为 15.3 m。建筑物共三层,层高 2.900 m,室内外高差 0.450 m,建筑物总高度为 10.060 m,相对标高±0.000 的绝对高程是 36.650 m。

设计说明同时还对墙体材料、防水工程、内外装修、门窗、节能措施、楼地面、屋面工程等所用的材料、规格做出了必要说明。

一、设计依据

1. 建设单位提供的有关技术资料及工程地质勘察报告。
2. 建筑设计主要法规：
(1)《住宅设计规范》(GB 50096—1999，2003 年版)；
(2)《建筑设计防火规范》GBJ 16—87(2001)；
(3)《建筑抗震设计规范》(GB 50001—2001)；
(4)《屋面工程技术规范》(GB 50345—2004)；
(5)《居住建筑节能设计标准》(DB 13 J 63—2007)；
(6)《民用建筑设计通则》(GB 50352—2005)。

二、工程概况

1. 工程名称：某小型住宅楼。
2. 建设地点：某小区。
3. 总建筑面积：622.73m²。
4. 建筑类别：三类。
5. 耐火等级：二级。
6. 抗震烈度：8 度，功能为住宅。
7. 结构形式：三层框架结构。
8. 平面布置：本工程东西长 19.5m，南北宽 15.3m。
9. 立面布置：共三层，功能为住宅，层高为 2.9m，室内外高差为 0.45m，建筑总高度为 10.06m。
10. 标高定位：±0.000 的绝对高程为 36.650。

三、工程参考图集

所用图集为河北省工程建设标准设计《05 系列建筑标准设计图集》05J11—05J13。

四、墙体材料

1. 外墙：外墙苯板保温，墙体采用陶粒混凝土砌块，外侧贴 50 厚聚苯板保温。
2. 内墙：200 厚陶粒混凝土砌块，墙体定位见平面图。卫生间等处隔墙为 100 厚陶粒混凝土砌块。

五、防水工程

1. 屋面选用防水层为 4mm 厚 SBS 改性沥青防水卷材，设计中所选用的混凝土护坡均为 C20 细石混凝土。严格按照国家《屋面工程技术规范》进行施工。
2. 屋面防水等级为Ⅲ级，耐久年限 10 年。
3. 厨房、卫生间选用聚氨脂涂膜防水。

六、内外装修

内装修工程做法仅供参考。因做二次装修，墙面及顶棚做至抹灰面刮腻子，房间地面只做到找平层。

七、门窗部分

1. 门窗规格、型号、材质及所选图集编号详见门窗表所示。所有外门窗为中空玻璃塑钢门窗，外窗均采用带纱窗，门窗玻璃单块面积大于等于 1.5 m² 时应采用安全玻璃。
2. 外门窗应满足当地抗风压性能要求，其气密性等级不应低于《建筑外窗气渗透性能分级及其检测方法》规定的 6 级水平。
3. 根据图中所示尺寸及分隔，由厂家核算抗风压性能，调换合适的加强型窗框及五金件。
4. 本工程所采用的各类窗除注外，只给出洞口大小，窗的类型、开启形式及分隔，其构造与窗型材选用计算均由厂家负责在施工时配合土建预埋铁件。

八、节能措施

1. 屋面采用 120 厚聚苯板，保温层导热系数为 0.43W/(m²·K)；
2. 外墙部分为 50 聚苯板，保温层导热系数为 0.45W/(m²·K)；
3. 所有外窗采用中空玻璃塑钢窗。气密性为 6 级，导热系数为 2.5 W/(m²·K)；
4. 阳台门下部门芯板采用岩棉加芯复合保温板，传热系数为 K=1.35W/(m²·K)。

九、其他设计要求

1. 本说明与建筑施工图互为补充，图中尺寸除标高以米计外，其余均以毫米计。
2. 室内墙体阳角处均做 1:2.5 水泥砂浆护角，1800 高，厚度同内墙抹灰。两侧均抹过墙 50 宽，遇门窗洞口处护角与墙过墙高度通高。
3. 卫生间、厨房地面低于其他房间地面 20mm，并从门口处做 1% 坡向地漏。卫生间洁具做法参见 05J11—2，卫生洁具做法处穿楼板处做法见 05J11—2。
4. 所有埋件均须预埋好，以免事后剔凿，自行埋管等位置土建专业应密切配合，管道穿过楼板处再施工。
5. 埋木砖应浸入防腐剂风干后方可施工，外露金属料，须除锈刷防锈漆红丹一道，外罩面漆。
6. 部分建材或要求施工，连接等做法应根据厂家资料，凡不同材料的交接处做法处须加钢丝网片抹灰处理，以防开裂。
7. 其他各专业图表示，的管的穿墙套管、留洞，注意与各专业图纸核对后再用。
8. 雨落水管采用 DN100PVC 管，外排水方式。
9. 有关施工质量操作规程及验收标准均以国家和省颁现发的现行有关规范进行施工。
10. 未尽事宜按现行有关规范进行施工。
11. 所有窗栏杆规格及安全指标，横向栏杆应做好防止儿童攀爬措施。

图 6.1 设计说明

名称		工程做法	名称	工程做法
地面		05J1 1/12	内墙面（厨、卫）	1.6厚1:0.5:2.5水泥石灰膏砂浆压实抹平
楼面（其他房间）注：1、2、3由用户做		1.8-10厚铺地板砖,稀水泥浆擦缝		2.6厚1:1:6水泥石灰膏砂浆打底扫毛
		2.撒素水泥面（撒适量清水）		3.3厚外加剂专用砂浆抹基面刮糙或界面剂一道
		3.20厚干硬性水泥砂浆结合层		甩毛（抹前先将墙体用水湿润）
		4.40厚C10细石混凝土，内铺设采暖水管		4.聚合物水泥砂浆修补墙面
		5.20厚聚苯板保温	内墙面	1.满刮2厚耐水腻子分遍找平
		6.钢筋混凝土楼板		2.8厚1:1:6水泥石灰膏砂浆打底扫毛
楼面（厨房）注：1、2、3由用户做		1.8-10厚铺地板砖、稀水泥浆擦缝		3.素水泥砂浆一道（内掺建筑胶）
		2.撒素水泥面（撒适量清水）		4.聚合物水泥砂浆修补墙面
		3.20厚干硬性水泥砂浆结合层	顶棚（楼梯间）	1.喷（刷、辊）大白浆饰面
		4.钢筋混凝土楼板		2.板底满刮2厚耐水腻子分遍找平
楼面（卫生间）注：1、2、3由用户做		1、2、3做法同上		3.素水泥砂浆一道（内掺建筑胶）
		4.20厚1:3水泥砂浆找平层，四周及竖管部位抹小八字角	顶棚	1.板底满刮2厚耐水腻子分遍找平
		5.素水泥砂浆一道（内掺建筑胶）		2.素水泥砂浆一道（内掺建筑胶）
		6.最薄处50厚C15细石混凝土从门口处向地漏找1%坡	涂料	05l 3/77（木材面）05J1 12/80（金属面）
		7.钢筋混凝土楼板	散水	05J1 3/113
楼面（露台）		1、2、3做法同上	坡道	05J1 4/117
		4.20厚1:3水泥砂浆找平层	室外台阶	水泥砂浆台阶 05J1 2/115
		5.钢筋混凝土楼板	室内台阶	铺地砖台阶 05J1 3/115
楼面（楼梯间）		1.8-10厚铺地板砖,稀水泥浆擦缝（地砖为600×600）防滑地砖，踏面砖为专用楼梯踏面砖	雨水管	05J5-1 7/62
			风道	卫生间通风道：J09J10111 7/8,厨房排烟道：J09J101 1/8
		2.撒素水泥面（撒适量清水）	雨水口	05J5-1 F/64
		3.20厚干硬性水泥砂浆结合层	露台阶	05J5-1 -/23
		4.素水泥砂浆一道（内掺建筑胶）		
		5.钢筋混凝土楼板		
屋面	不上人	1、2、3、4同05J1 2/92改第2项为SBS卷材防水一道		
		5.120厚聚苯乙烯泡沫塑料板材保温层		
		6.钢筋混凝土结构层		

图6.2 材料做法表

3. 门窗表

门窗表是建筑施工说明的组成部分,是对建筑施工图中的门窗数量、规格型号、分布情况的综合统计。施工时要将门窗表所反映的信息与大样图仔细核对,有时还要参考相关图集。

门窗说明表

门窗名称	洞口尺寸	门窗数量	备注
C-1	600×1500	4	塑钢中空玻璃推拉窗
C-2	1200×1500	12	塑钢中空玻璃平开窗
C-3	600×1500	6	塑钢中空玻璃上悬窗
JC-1	4250×2600	6	塑钢中空玻璃平开窗
PC-1	2300×1900	6	塑钢中空玻璃平开窗
MLC-1	2400×2400	2	塑钢门连窗
M-1	1200×2000	1	可视单元对讲门
M-2	1100×2100	6	防盗门
M-3	900×2100	12	预留门洞,不装门框
M-4	800×2100	10	预留门洞,不装门框
TLM-1	2400×2400	4	不锈钢框玻璃门
TLM-2	1500×2100	6	不锈钢框玻璃门

图 6.3 门窗表

备注:窗均为塑钢中空玻璃窗,空气层厚度为 12 mm。

【识读实例】

图 6.3 是某小型住宅楼门窗表,从备注可以看出,所有窗均为塑钢中空玻璃窗,其中 C-1 为推拉窗,窗洞尺寸为 600×1500,数量为 4 个;C-2 为平开窗,洞口尺寸为 1200×1500,数量为 12 个;C-3 为上悬窗,洞口尺寸为 600×1500,数量为 6 个。JC-1 为角窗,PC-1 为飘窗,MLC-1 为门连窗,M-1 为可视单元对讲门,M-2 为分户防盗门,M-3、M-4 均为室内门,TLM-1、TLM-2 为推拉门,阅读方法与前述相同。

建筑物所在区域的周边环境、地形地貌、道路、绿化等情况,都要通过总平面图来了解。图 6.4 和图 6.5 分别是某小区设计图中的总平面图和鸟瞰图。请你对照识别一下,能找到你要了解的建筑物的所在位置吗?

6.1.2 总平面图识读

建筑总平面图表示拟建房屋所在基地范围内的总体布局,是新建房屋施工定位、施工放线、土方工程及绘制施工总平面图的依据。它主要反映新建房屋的位置、朝向、标高、绿化的布置、地形、地貌及与原有环境的关系等。总平面图范围较大,比例较小,一般采用 1∶500、1∶1000、1∶2000 的比例。

项目6 建筑施工图识读

图 6.4 某小区总平面图

图 6.5 某小区设计鸟瞰图

1. 图示内容

(1) 表明新建区的布置　如放线位置,各建筑物、道路和绿化的布置等。

(2) 确定新建房屋的位置　一般依据原有建筑物或道路定位,标注定位尺寸。建造成片建筑或公共建筑物、厂房等,常采用坐标来确定建筑群及道路的位置。当地形复杂时,还要画出等高线,或者在地形上绘制出总平面图。其中,用粗实线画出的图形是新建房屋的底层平面轮廓,用细实线画出的是原有建筑物,其中四周打"×"的是应拆除的建筑物,用中虚线画出的是计划建造的房屋。

(3) 表明新建房屋室内地坪的绝对标高及室外地坪、道路的绝对标高。

(4) 表明新建房屋的朝向,一般用指北针表示,有时用风向频率玫瑰图表示。

(5) 用小黑点表示建筑的层数。

(6) 表明新建建筑物周围地形地貌情况。

2. 识图要点

(1) 应先熟悉总平面图的图例,阅读文字说明,以便顺利看图。

(2) 明确工程项目的性质,这是决定建筑物朝向、建筑规模的依据。

(3) 查看拟建工程位置的地形、基地范围,以便研究新建房屋和道路的布置是否合理。

(4) 了解新建房屋的室内外高差、道路标高、坡度及排水情况是否适宜,土方填挖量是否经济合理。

(5) 查找新建房屋定位的依据。

(6) 有关管线平面是否整齐、经济、合理。

知识拓展

风向频率玫瑰图是在极坐标图上绘出一地在一年中各种风向出现的频率。因图形与玫瑰花朵相似,故名之。"风向玫瑰图"是一个给定地点一段时间内的风向分布图。通过它可以得知当地的主导风向。最常见的风向玫瑰图是一个圆,圆上引出16条放射线,它们代表16个不同的方向,每条直线的长度与这个方向的风的频度成正比。静风的频度放在中间。有些风向玫瑰图上还指示出了各风向的风速范围。

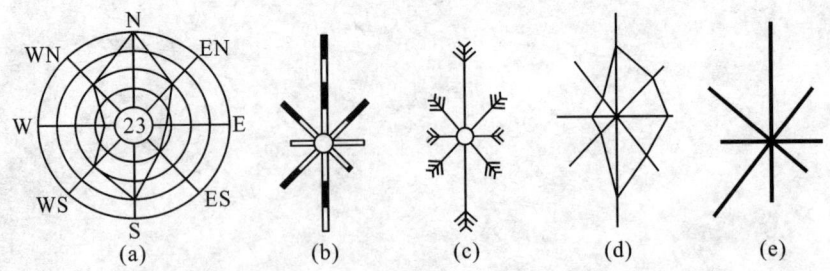

图 6.6　风向玫瑰图图例

【识读实例】

图 6.7 是某小型住宅楼总平面图。住宅楼为三层,长 19.50 m,宽 15.30 m。住宅楼东侧距围墙 21.69 m,北侧距围墙 3.00 m。室内地坪绝对标高为 36.65 m,相对标高

为±0.000。室外地坪绝对标高为36.20 m,室内外高差为0.45 m。住宅楼的东侧有一个自行车棚,自行车棚南侧是计划拆除的已建住宅楼。西侧用虚线表示的是一块预留综合用地,预留综合用地东西长9.73 m,南北长28.04 m。其东侧距离要建的住宅楼6.06 m,西侧距离道路红线1.36 m。预留综合用地南侧是要拆除的综合楼、已建商住楼。

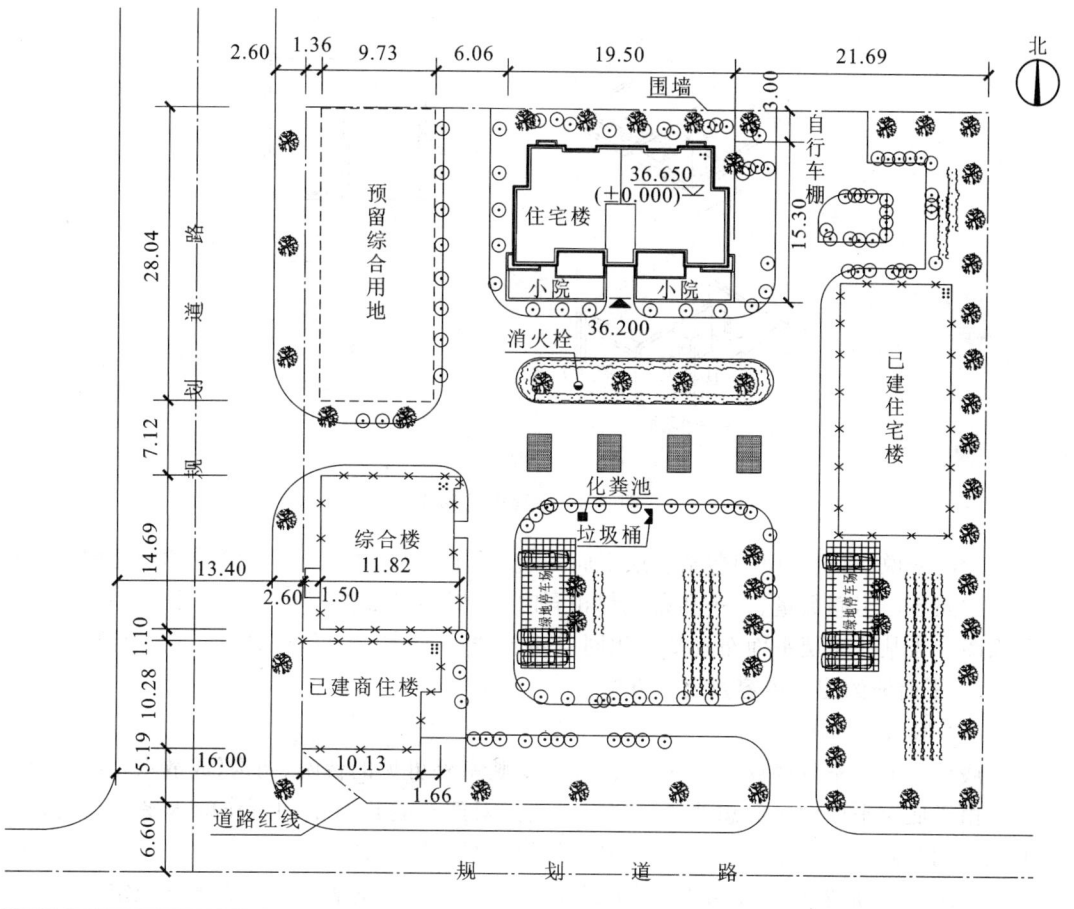

总平面图 1:500

图6.7 总平面图

6.2 建筑平面图识读

建筑平面图简称平面图,是建筑施工中比较重要的基本图。

1.平面图的形成和用途

假想用一个水平的剖切平面沿房屋窗台以上的部位剖开,移去上部后向下投影所得的水平投影图,称为建筑平面图,如图6.8所示。

平面图是放线、砌筑墙体、安装门窗、进行室内装修及编制预算、备料等的基本依据。

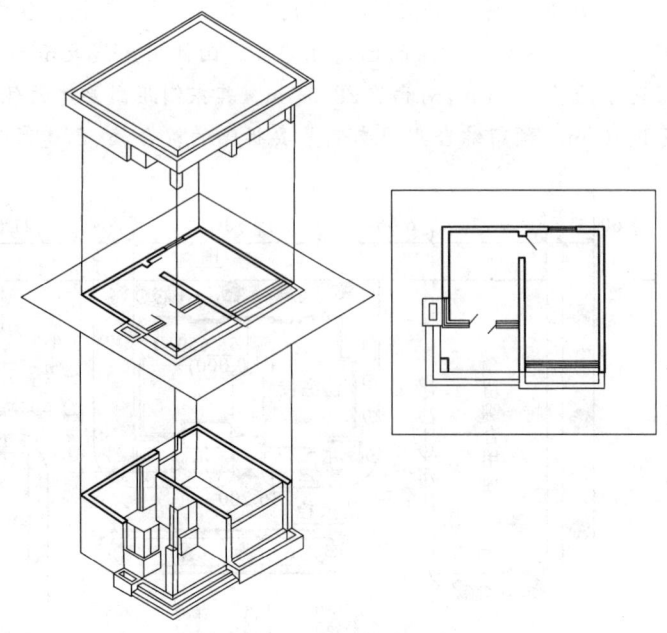

图 6.8 平面图的形成

一般来说,建筑平面图包括底层平面图、楼层平面图、顶层平面图和屋顶平面图。当房屋中间各层房间数量、大小和布置都相同时,各楼层平面图也可只画一个,称为标准层平面图。当某些楼层平面布置基本相同,只有局部不同时,也可绘制出局部平面图。

2. 平面图的图示内容及表示方法

（1）底层平面图

底层平面图不仅要反映室内情况,还须反映室外可见的台阶、明沟（或散水）、花坛等。

由于底层平面图是假想通过底层窗台上方对建筑物进行剖切所作的水平剖面图,因此楼梯间只画出梯段部分楼梯,并按规定用倾斜折断线断开。

为了使图面清晰,主次分明,便于识读,对底层平面图的表示方法有如下规定：

① 定位轴线　凡承重的墙、柱,都必须标注定位轴线,并按规定给予编号。

② 图线　凡被剖切到的墙、柱的断面轮廓线用粗实线画出（墙、柱轮廓线都不包括粉刷层的厚度,粉刷层在 1∶100 的平面图中不必画出）,没有剖切到的可见轮廓线,如墙身、窗台、梯段等用中实线画出,尺寸线、引出线用细实线画出,轴线用细点长画线画出。

③ 图例　在平面图中,门、窗均按规定的图例画出,在门、窗图例旁边应注明它们的代号。对于不同类型的门、窗,应在代号后面加上编号,以示区别。各种门、窗的形式和具体尺寸,可在汇总编制的门、窗表中查对。

④ 剖切符号与索引符号　建筑剖面图的剖切位置和投射方向,应在底层平面图中用剖切符号表示,并应编号；凡套用标准图集或另有详图表示的构配件、节点,均需画出详图索引符号,以便对照阅读。

⑤ 尺寸标注　外墙的尺寸一般分三道标注：最外面一道是外包尺寸,表示建筑物的总长度和总宽度；中间一道尺寸表示定位轴线间的距离,是房屋的开间或进深尺寸；最里

面的一道尺寸表示门窗洞口、洞间墙、墙厚的尺寸。

⑥ 标高　在底层平面图中,还应注写室内外地坪的标高。

⑦ 朝向　有时在底层平面图中还需画出指北针符号,以表明房屋的朝向。

(2) 楼层平面图

楼层平面图的图示内容与底层平面图基本相同,在识读时要与底层平面图对照识读。因为室外的台阶、花坛、明沟、散水和雨水管的形状和位置已经在底层平面图中表达清楚了,所以中间各层平面图除要表达本层室内情况外,只需画出本层的室外阳台和下一层室外的雨篷、遮阳板等。此外,因为剖切情况不同,楼层平面图中楼梯间部分表达梯段的情况与底层平面图也不同。

(3) 屋顶平面图

屋顶平面图表明了屋顶的形状,屋面排水方向及坡度,天沟或檐沟的位置,以及女儿墙、屋檐线、雨水管、上人孔及水箱的位置等。

(4) 局部平面图

当某些楼层的平面布置图基本相同,仅有局部不同时,则这些不同部分可用局部平面图表示。当某些局部布置由于比例较小而固定设备较多,或者内部组合比较复杂时,也可另画较大比例的局部平面图。

局部平面图的图示方法与首层平面图相同。为了清楚表明局部平面图所处的位置,必须标注与平面图一致的轴线及其编号。常见的局部平面图有卫生间、盥洗室、楼梯间等。

3. 平面图的识读要点

(1) 首先应了解图名、比例和朝向。建筑平面图常用 1∶50、1∶100、1∶200 的比例绘制。

(2) 了解房屋内部各房间的配置、用途、数量及其相互间的联系情况。

(3) 根据平面图中定位轴线的编号及间距尺寸,了解承重墙、柱的相应位置及房间大小。根据尺寸标注,了解建筑物的外形尺寸(包括总长度和总宽度),了解房间的开间、进深及门窗、室内设备的大小、位置以及内外墙体厚度。

(4) 了解楼地面、夹层、楼梯平台面、室外地面、室外台阶、卫生间地面、阳台地面等处的标高。

(5) 了解门窗的位置及编号。同一编号表示的门窗,其构造尺寸和材料都一样,其规格、型号、数量均可从门窗表中查阅。

(6) 通过剖切符号,了解剖切部位,以便对照识读。

(7) 了解楼梯的位置、踏步级数、上下方向、尺寸等。

(8) 了解其他细部(如卫生设备等)的配置情况。

知识拓展

建筑面积＝有效面积＋结构面积＝使用面积＋公共面积＋结构面积。

(1) **建筑面积**　指建筑物长度、宽度的外包尺寸的乘积再乘以层数。它由使用面积、公共面积和结构面积组成。

(2) **使用面积**　指建筑物各层平面中直接为生产或生活使用的净面积的总和。

(3) **公共面积**　指建筑物各层平面为辅助生产或生活活动所占的净面积的总和,例如居住建筑中的楼梯、走道等。

(4)结构面积　指建筑物各层平面中的墙、柱等结构所占面积的总和。

建筑面积中,有争议的是公共面积内有多少项目被包括在内,其中可能包括楼梯、走廊、停车场、管理处、升降机及其公众大堂、天井、单位窗户外的窗台等。因此,合理、准确地计算建筑面积是工程造价确定与控制过程中的一项重要工作。

【识读实例】

(1)识读底层平面图

图6.9是某小型住宅楼的底层平面图,该图是用1∶100的比例画出的。

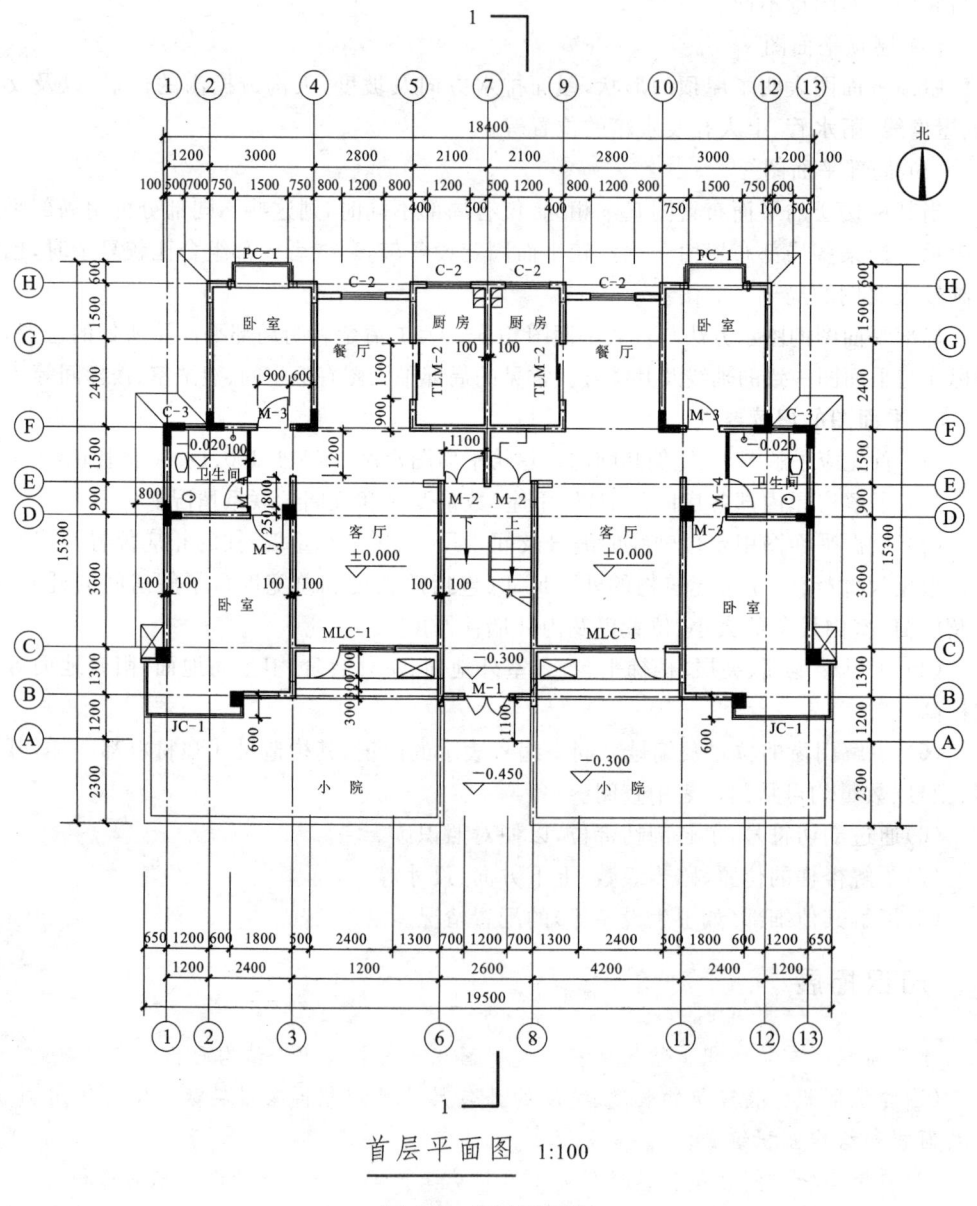

图6.9　底层平面图

从图 6.9 中可以看出,该建筑物坐北朝南,出入口位于建筑物南侧。这是一个一梯两户的住宅楼,东西两个单元布局相同,均为两室两厅,包括两个卧室、客厅、餐厅、卫生间和厨房。建筑物的入户门位于南侧⑥~⑧轴之间,入口处即为楼梯间所在位置。底层住户南侧各有一个小院。散水宽度为 800 mm,从室外到入户门前平台高差为 150 mm,平台宽度为 1100 mm;从小院到客厅外的平台有三级台阶,台阶踏步宽度为 300 mm。

纵轴编号为①~⑬,横轴编号依次为Ⓐ~Ⓗ。建筑物南侧纵轴编号为①、②、③、⑥、⑧、⑪、⑫、⑬,北侧纵轴编号为①、②、④、⑤、⑦、⑨、⑩、⑫、⑬;建筑物东西侧横轴编号相同。从图中可以看出,建筑物东西向总长度为 19500 mm,南北向总宽度为 15300 mm。各单元客厅开间均为 4.2 m(③~⑥),进深为 4.5 m(Ⓒ~Ⓔ)。其他房间识读方法相同。结合施工说明可知,内外墙体均为 200 mm 厚陶粒混凝土砌块,卫生间隔墙为 100 mm 厚陶粒混凝土砌块。

通过识读标高可知,一层室内主要地坪标高为±0.000,室外地坪标高为-0.450 m,由此可知,室内外高差为 450mm。单元入口处楼梯间地面标高和小院地坪标高均为-0.300 m,卫生间地面标高为-0.020m。

建筑物入户门为 M-1,结合门窗表可知,M-1 为可视单元对讲门,门洞尺寸为 1200 mm×2000 mm,数量只有 1 个。一层客厅南侧通向小院的为塑钢门连窗 MLC-1,从门窗表中可以查到,MLC-1 的尺寸为 2400 mm×2400 mm,数量为 2 个。MLC-1 窗外的平台上是安装客厅空调室外机的位置。分户门为防盗门,门洞尺寸为 1100 mm×2100 mm,每层两户,所以数量为 6 个;客厅与餐厅是连通的,不设门,空间利用充分;卧室门为 M-3,从门窗表可知,M-3 只留洞口,不装门框,洞口尺寸为 900 mm×2100 mm,每层两户,每户两间卧室,共三层,因此 M-3 数量为 12 个;南卧室的窗为角窗 JC-1,洞口尺寸为 4250 mm×2600 mm,详细规格尺寸应与门窗详图对照识读,JC-1 北侧墙外是安装南卧室空调室外机的位置;卫生间的门为 M-4,从门窗表可知,M-4 也是预留洞口不装门框,门洞尺寸为 800 mm×2100 mm。从 M-4 到南卧室的洞间墙尺寸为 250 mm,材料为 100 mm 厚陶粒混凝土(一层仅卫生间门为 M-4,如果每层相同,则 M-4 应为 6 个,而从门窗表可知,M-4 数量为 10 个,其余 4 个应结合其他楼层平面图上识读);卫生间在北侧设 C-3 窗,从门窗表可知,C-3 为塑钢中空玻璃上悬窗,洞口尺寸为 600 mm×1500 mm,数量为 6 个;北卧室门也为 M-3,门洞与卧室东墙间的墙体尺寸为 600 mm;北卧室窗为飘窗 PC-1,结合门窗表可知,PC-1 洞口尺寸为 2300 mm×1900 mm,数量为 6 个,其详细规格尺寸应与门窗详图对照识读;餐厅、厨房北窗均为 C-2,结合门窗表可知,C-2 为平开窗,洞口尺寸为 1200 mm×1500 mm,数量为 12 个;餐厅通向厨房的门为推拉门 TLM-2,结合门窗表可知,TLM-2 为不锈钢框玻璃门,洞口尺寸为 1500 mm×2100 mm,数量为 6 个,TLM-2 门洞与厨房南墙间墙体尺寸为 900 mm。

从底层平面图可知,从单元门进入楼梯间标高为-0.300 m,上到分户门±0.000 处有两级台阶,由此可见,台阶踢面高度应为 150 mm。由于剖切位置的关系,底层平面图上只画出了一层到二层部分梯段的楼梯,因此应结合楼梯详图识读。

从图 6.9 中可见 1—1 剖面图的剖切符号,剖切位置在⑦~⑨轴之间,通过楼梯间和厨房,剖视方向为由东向西。

卫生间内可见坐便器、洗脸盆等卫生器具,厨房内可见通风道。

知识拓展

为房间采光和美化造型而设置的凸出外墙的窗称为飘窗。

一般的飘窗可以呈矩形或梯形,从室内向室外凸起。飘窗的三面都装有玻璃,窗台的高度比一般的窗户要低,这样的设计既有利于进行大面积的玻璃采光,又保留了宽敞的窗台,使得室内空间在视觉上得以延伸。

(1)识读楼层平面图

图 6.10 是某小型住宅楼二层平面图。

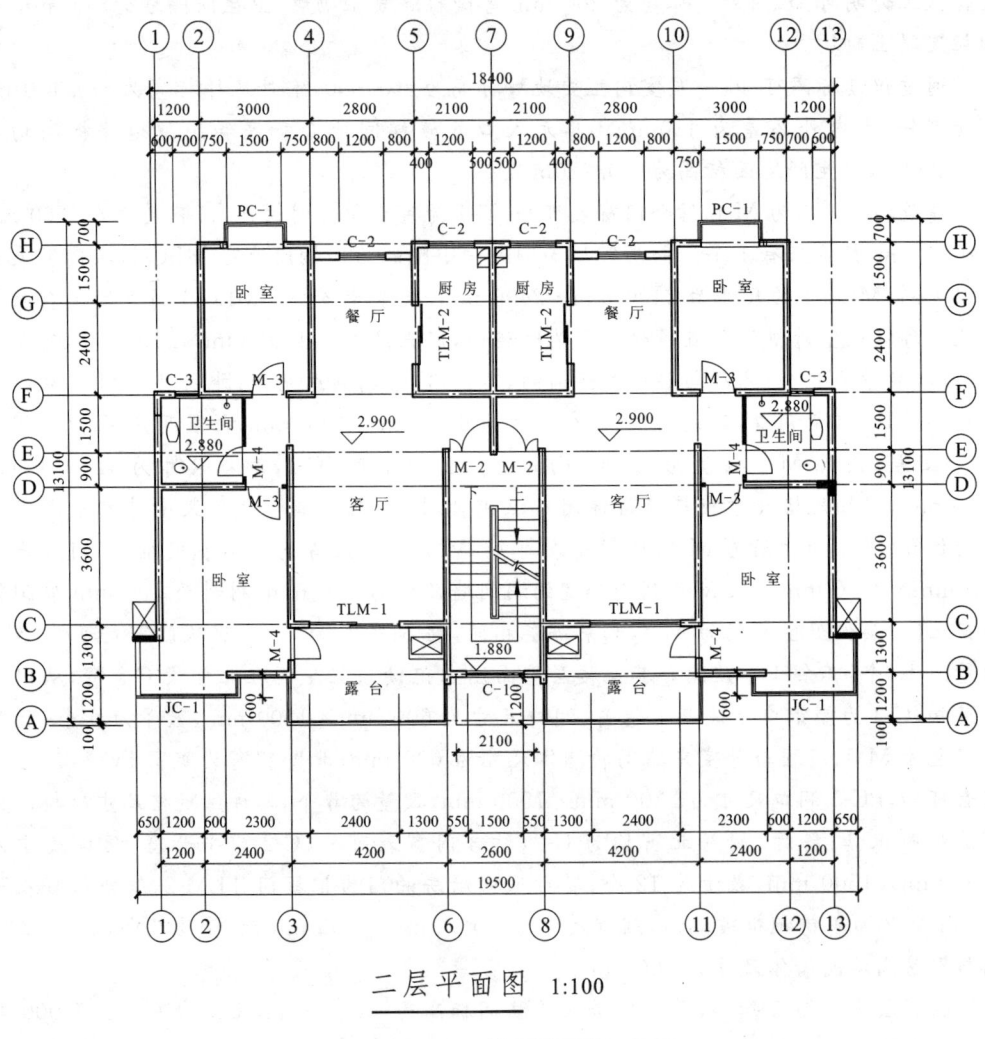

二层平面图 1:100

图 6.10 楼层平面图

与底层平面图不同的是:二层平面图没有指北针、入户门、散水和小院。楼梯间南侧为 C-1 窗;窗外可见雨篷,雨篷尺寸为 2100 mm×1200 mm;客厅外有露台,南卧室通向露台有门 M-4(二、三层共 4 个,加上卫生间门,可知 M-4 门是 10 个);客厅通露台门与一层客厅通小院门不同,为推拉门 TLM-1,结合门窗表可知,TLM-1 为不锈钢框玻璃门,洞口尺寸为 2400 mm×2400 mm。

二层室内主要地坪标高为 2.900 m,可知层高为 2.9 m;二层卫生间标高为 2.880 m。

楼梯间表示方法与底层不同。一层至二层楼梯休息平台标高为 1.880 m;从二层下到休息平台梯段为 6 级台阶,可知台阶踢面高度为 170 mm[计算方法为(2900-1880)÷6];从休息平台下到一层梯段为 11 级台阶。台阶踏面宽度应结合楼梯详图识读。

(2) 识读顶层平面图

图 6.11 为某小型住宅楼三层平面图,该建筑三层即为顶层。与底层和二层平面图不同的是,没有了雨篷,楼面标高为 5.800 m,卫生间地面标高为 5.780 m,楼梯平台标高为 4.780 m。楼梯间与底层和二层都不同,其梯段不再绘制断开线。其余识读方法与底层和二层相同。

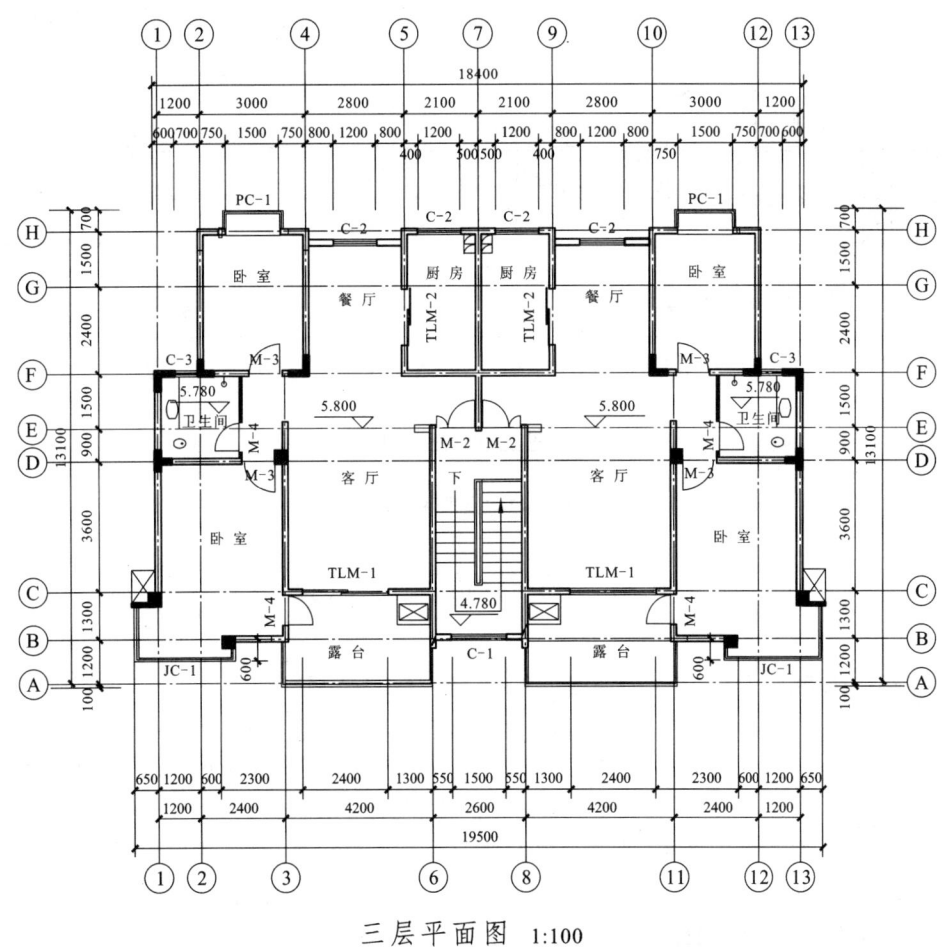

图 6.11 顶层平面图

(3) 识读屋顶平面图

图 6.12 是某小型住宅楼屋顶平面图,图中可见分水线,坡度为 2%,坡向雨水管(南北两侧各有两个雨水管)。卧室通向露台的门上方有雨篷,雨篷尺寸为 3100 mm×1100 mm,坡度为 2%。

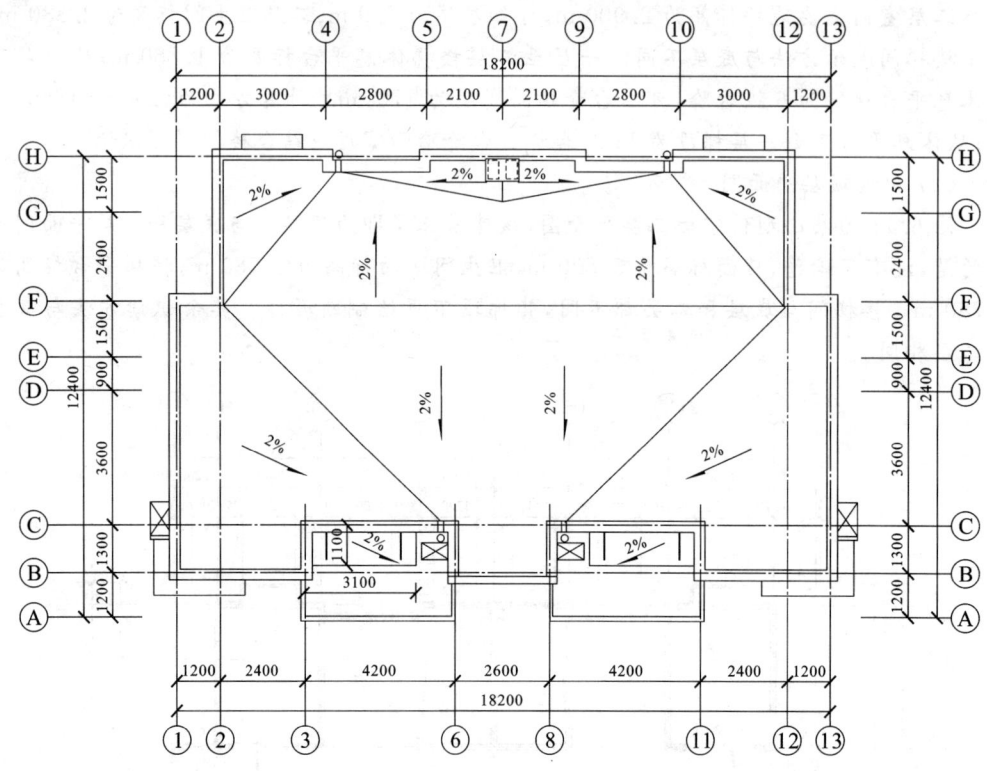

屋面平面图 1:100

图 6.12 屋顶平面图

6.3 建筑立面图识读

知识拓展

建筑标高:在相对标高中,凡是包括装饰层厚度的标高,称为建筑标高,注写在构件的装饰层面上。

结构标高:在相对标高中,凡是不包括装饰层厚度的标高,称为结构标高,注写在构件的底部,是构件的安装或施工高度。

建筑立面图简称立面图,为建筑施工图的基本图之一。

1. 立面图的形成和用途

将建筑物的各个立面向平行于它的投影面上作正投影所得的图样,就形成了建筑物的各立面图。立面图的数量视房屋各立面的复杂程度而定,一般为四个立面图,如图 6.13

所示。立面图的命名方式常见的有三种,通常把反映房屋主要外貌特征或主要出入口的一面称为正立面图,其余各立面图则相应地称为背立面图和侧立面图。对于南北朝向的房屋,也可按朝向命名,如南立面图、北立面图、东(西)立面图。有时也可采用两端的定位轴线编号来命名,如①~⑬立面图,Ⓐ~Ⓗ立面图等。

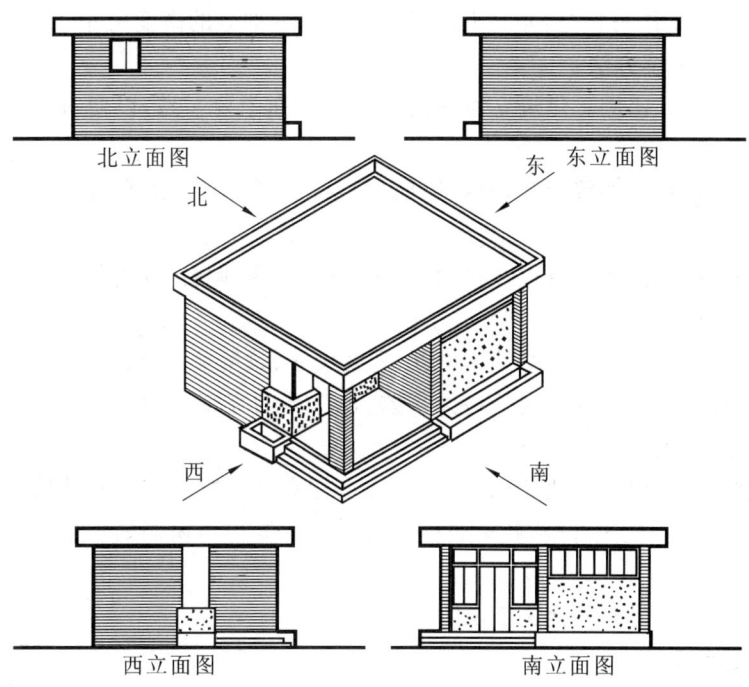

图 6.13 立面图的形成

建筑立面图是表示建筑物的体型和外貌的图样,并表明外墙装修要求,因此立面图主要为室外装修之用。

2. 立面图的图示内容及表示方法

(1) 图示基本内容

① 表明一栋建筑物的立面形式及外貌。

② 反映立面上门窗的布置、外形及开启方向。

③ 表示室外台阶、花坛、勒脚、窗台、雨篷、阳台、檐沟、屋顶及雨水管的位置,立面形状及材料做法。

④ 表明外墙面装饰的做法及风格。

⑤ 用标高及竖向尺寸表示建筑物的总高及各部位的高度。

⑥ 另画详图的部位用详图索引符号标注。

⑦ 用图无法表示的地方,用文字说明。

(2)有关规定的表示方法

① 定位轴线　在立面图中一般只画出两端的轴线及其编号,编号应与建筑平面图该立面两端的轴线编号一致,以便与平面图对照识读,从而确定立面的方位。

② 图线　一般立面图的外形轮廓线用粗实线表示；室外地面线用特粗实线绘制；阳台、雨篷、门窗洞、台阶、花坛等轮廓线用中粗实线表示；门窗扇及其分格线、雨水管、墙面引条线、有关说明引出线、尺寸线、尺寸界线和标高等均用细实线表示。

③ 尺寸标注　立面图上一般应在室外地面、室内地面、各层楼面、檐口、窗台、窗顶、雨篷底、阳台面等处注写标高，并宜沿高度方向注写各部分的高度尺寸。

3. 立面图的识读方法

(1) 了解图名和比例。建筑立面图的比例与平面图要一致，以便对照识读。常用比例为 1∶50、1∶100、1∶200。

(2) 了解建筑物的外貌特征，包括屋面、门窗、雨篷、阳台、雨水管、台阶、勒脚等的形式和位置。

(3) 了解外部装修做法，包括外墙面装饰材料，雨篷、阳台、勒脚等的用料、色彩、装修做法等。

(4) 了解外墙面上的门窗的具体位置、高度尺寸、数量及立面布置形式等。

(5) 通过尺寸标注了解室内外地面高差、窗下墙的高度、门窗洞口高度、洞口顶面到上一层楼面的高度等。

(6) 通过标高了解室外地坪标高、室内地坪标高及层高、檐口、女儿墙等的高度。应注意各层楼面标高为建筑标高，各梁底标高为结构标高。门窗洞的上顶面和下底面均为结构标高。

(7) 了解索引符号及其他文字说明。

【识读实例】

1. 识读南立面图

结合平面图可知，图 6.14 所示①～⑬立面图为建筑物南立面图，比例为 1∶100，

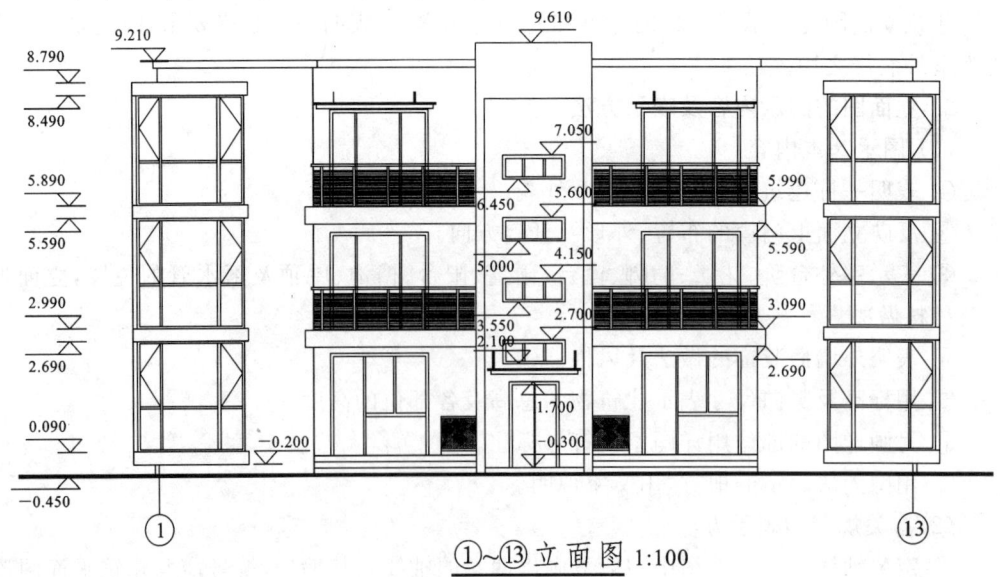

图 6.14　①～⑬立面图

图 6.15 为其效果图。建筑物共三层,室外地坪标高为-0.450,屋顶标高为 9.210,楼梯间位置最高处标高为 9.610。由此可知建筑物总高度为 10.060 m(9.610+0.450)。

图 6.15 南立面效果图

由室外上到主出入口平台处有一级台阶,台阶面标高为-0.300,由此可知台阶高度为 150 mm;由一层小院上到门连窗外的平台有三级台阶,高度为 540 mm,可知台阶踢面高度为 180 mm;一层通向小院的为门连窗,二、三层通向露台的为推拉门;入户门顶面标高为 1.700,门口平台标高为-0.300,可知可视对讲单元门高度为 2000 mm。

①轴和⑬轴处角窗,一层窗台底面标高为-0.210,顶面标高为 0.090,可知窗台高度为 300 mm,其余各层识读方法与一层相同;楼梯间一层休息平台处 C-1 窗底面标高 2.100,顶面标高 2.700,可知窗洞高度为 600 mm,其余楼层识读方法与一层相同;二层露台栏板底面标高 2.690,顶面标高 3.090,可知栏板高度为 400 mm,三层与二层识读方法相同。

一层主入口处有雨篷,三层露台有雨篷。

2. 识读北立面图

结合平面图可知,图 6.16 所示⑬~①立面图为建筑物北立面图,比例为 1∶100,图 6.17 为其效果图。一层北卧室 PC-1 窗底部标高为 0.600,顶部标高为 2.500,可知窗的高度为 1.900 m,其余各层识读方法与一层相同;一层餐厅、厨房 C-2 窗底部标高为 0.900,顶部标高为 2.400,可知 C-2 窗高度为 1.500 m,其余各层识读方法与一层相同。

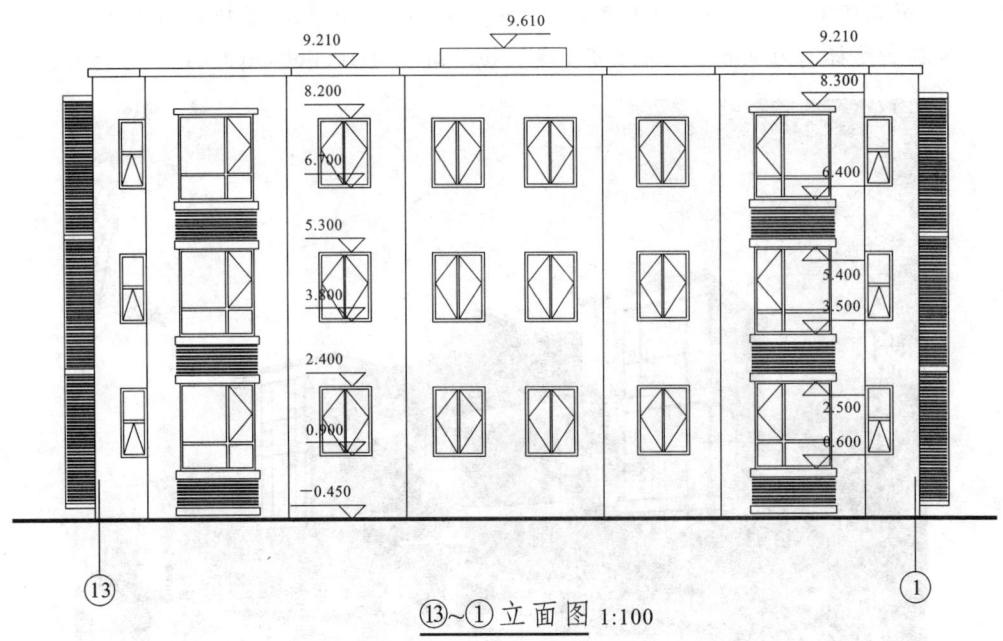

图 6.16　⑬~①立面图

图 6.17　北立面效果图

3. 识读东立面图

结合平面图,可知图 6.18 所示Ⓐ~Ⓗ立面图为建筑物东立面图,比例为 1∶100。图中标高表示出了南北两侧 JC-1 和 PC-1 窗的窗台、栏板、窗间墙等尺寸,应与门窗表、平面图和南、北立面图对照识读。

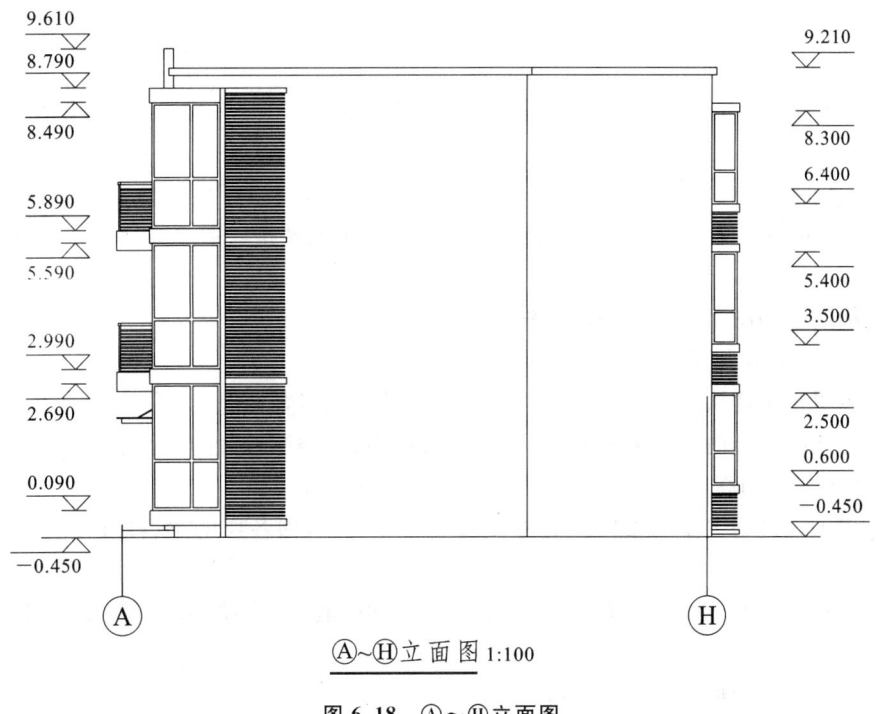

图 6.18　Ⓐ～Ⓗ立面图

6.4　建筑剖面图识读

建筑剖面图简称剖面图,为建筑施工的基本图之一。

1. 剖面图的形成与用途

如图 6.19 所示,假想用一个垂直剖切平面把房屋剖开,将观察者与剖切平面之间的

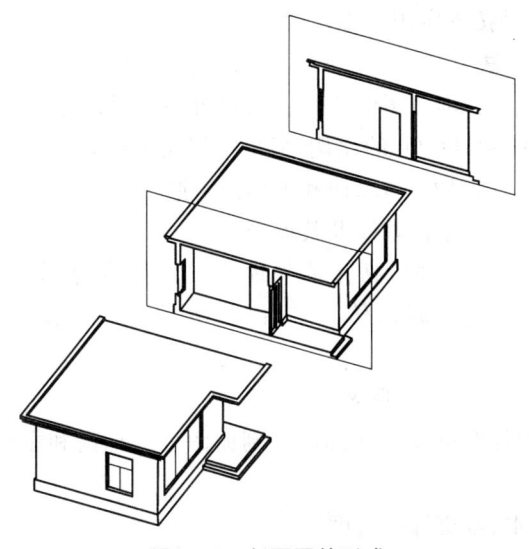

图 6.19　剖面图的形成

部分房屋移走,把留下的部分对与剖切平面平行的投影面作正投影,所得到的投影称为建筑剖面图,简称剖面图。

建筑剖面图简要表示建筑物内部垂直方向的结构形式、分层情况、内部构造及各部位的高度等。

剖面图的剖切位置应选择在内部结构和构造比较复杂或有代表性的部位,其数量应依据房屋的复杂程度和施工实际需要而定。两层以上的楼房一般至少要有一个楼梯间的剖面图。

2. 剖面图的图示内容及表示方法

(1) 图示基本内容

① 表明建筑物从地面到屋面的内部构造及其空间组合情况。

② 用标高和竖向尺寸表示建筑物的总高、层高、各楼层地面的标高、室内外地坪标高及门窗等各部位的高度。

③ 表示建筑物主要承重构件的位置及其相互关系,即各层的梁、柱及墙体的连接关系等。

④ 表示各层楼地面、内墙面、屋面、顶棚、吊顶、散水、台阶、女儿墙、压顶等的构造做法。

⑤ 表示屋顶的形式及排水坡度。

⑥ 用详图索引符号表明另画详图的部位、详图编号及所在位置。

(2) 有关规定的表示方法

① 定位轴线　剖面图中的定位轴线一般只画出两端的轴线及其编号,以便与平面图对照。

② 图线　室内外地面线用特粗实线表示。剖到的墙身、楼板、屋面板、楼梯段、楼梯平台等轮廓线用粗实线表示。未剖切到但可见的门窗洞、楼梯段、楼梯扶手和内外墙的轮廓线用中粗实线表示。门、窗及其分格线、水斗及雨水管等用细实线表示。尺寸线、尺寸界线、引出线和标高符号按规定画成细实线。

3. 剖面图的识读方法

(1) 了解图名和比例。剖面图的比例应与建筑平面图、立面图相同,以便和它们对照阅读。常选用 1∶50、1∶100、1∶200 的比例,但也可将比例放大。

(2) 了解剖切位置、剖视方向,以便和平面图对照。

(3) 了解两端墙或柱的定位轴线及其编号。

(4) 了解剖切到的构、配件包括室内外地面、台阶、明沟、散水、楼地面、屋顶面、内外墙、门窗、过梁、圈梁、楼梯梯段、休息平台、雨篷、阳台、雨水管、各种装饰等的位置、形状。

(5) 了解楼地面、屋面等的构造做法。

(6) 了解建筑物的各部位尺寸和标高。剖面图上的标高和立面图一样,也分为建筑标高和结构标高。

(7) 了解屋面、散水、坡道等的坡度。

(8) 了解详图索引符号。

【识读实例】

图 6.20 所示是通过厨房和楼梯间所作的阶梯剖面图,比例为 1∶100。它显示了楼梯间、门厅和厨房的空间情况。建筑物总高为 10.060 m,屋顶标高为 8.610 m,女儿墙压顶标高为 9.210 m,女儿墙高度为 600 mm,其中楼梯间南侧部分为 1000 mm。通过识读标高可知,一、二层层高为 2.900 m,三层层高为 2.810 m;从室外至门口平台台阶高度为 150 mm;一层楼梯休息平台下沿距地面 2000 mm;圈梁高度为 400 mm,楼梯间窗高度为 600 mm,窗间墙高 850 mm(其中圈梁高 400 m);楼梯休息平台上下梯段级数不同,平台上面梯段为 6 级,平台下面梯段为 11 级;北侧内窗窗台高 910 mm,窗洞高 1500 mm,二、三层地面梁高 490 mm,屋顶梁高 400 mm。

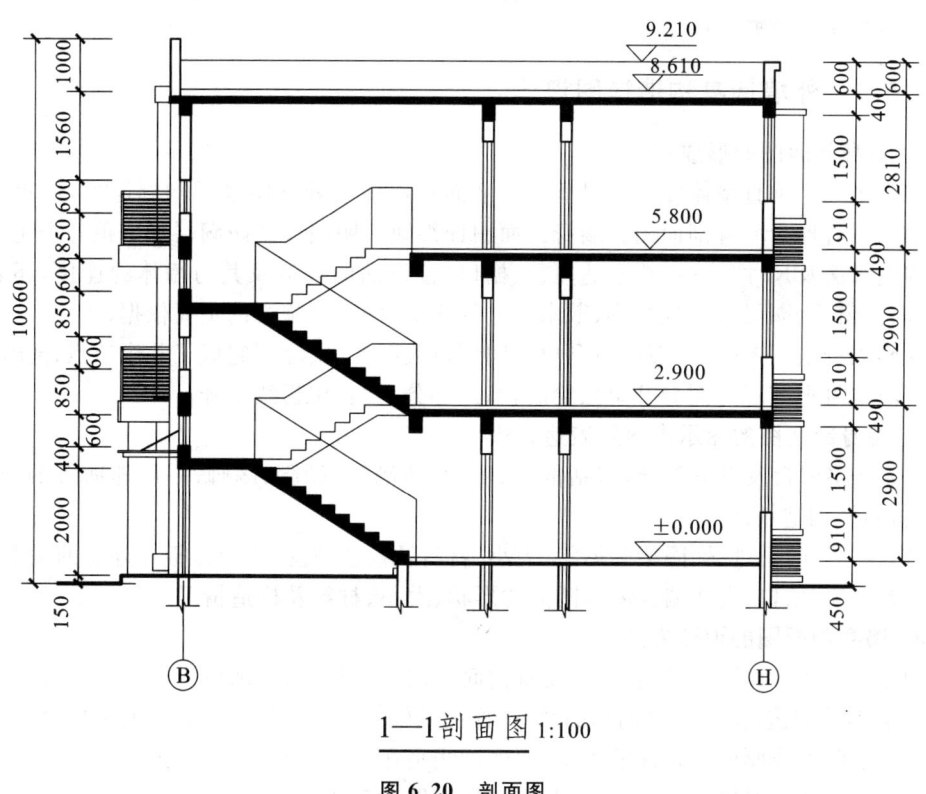

1—1 剖面图 1∶100

图 6.20 剖面图

6.5 建筑详图识读

由于平、立、剖面图反映的内容较多,比例较小,对建筑的细部构造往往难以表达清楚。为满足施工要求,对建筑物的细部构造按正投影的原理,用较大的比例详细地表达出来,这就是建筑详图,也称为大样图。建筑详图常用比例为 1∶50、1∶20、1∶10、1∶5、1∶2、1∶1。

建筑详图主要表达以下内容:

(1) 门、窗、楼梯、阳台等建筑构配件的详细构造及连接关系;

(2) 檐口、窗台、明沟、楼地面、踏步、楼梯扶手等细部及部分节点的形式、做法、用料、规格及详细尺寸;

(3) 施工相关要求及做法。

建筑详图主要有外墙详图、楼梯详图、阳台详图、门窗详图等。

知识拓展

圈梁是砌体结构房屋中在砌体内沿水平方向设置的封闭的钢筋混凝土梁,用以提高房屋空间刚度、增加建筑物的整体性、提高砖石砌体的抗剪和抗拉强度,防止由于地基不均匀沉降、地震或其他较大震动荷载对房屋的破坏。在房屋的基础上部的连续的钢筋混凝土梁叫基础圈梁,也叫地圈梁;而在墙体上部,紧挨楼板的钢筋混凝土梁叫上圈梁。

过梁是门窗洞口上设置的横梁,用以支撑洞口上部砌体所传来的各种荷载,并将这些荷载传给门窗洞口两边的墙。

6.5.1 外墙墙身构造详图识读

1. 墙身剖面图的形成

假想用一个垂直墙体轴线的铅垂剖切平面将墙体某处从防潮层剖到屋顶,所得到的局部剖面图就称为墙身剖面图。墙身剖面图详细地表明墙体从防潮层到屋顶各个主要节点的构造做法及尺寸。它主要表达屋顶、檐口、楼地面的构造及其与墙体的连接,还表明女儿墙、门窗顶、圈梁、过梁、勒脚、散水等处的构造尺寸,是施工的重要依据。

在画墙身剖面图时,一般门窗洞口中间用折线断开,实际上它成了几个节点详图的组合。有时也可把节点详图分开单独绘制,基础部分不画,用折线断开。

2. 墙身剖面图的图示内容及表达方法

(1) 一层窗台及以下部分,包括散水、明沟、防潮层、勒脚、踢脚、一层地面等的形状、大小、材料及构造情况;

(2) 楼层、门窗过梁、圈梁的形状、大小、材料及构造情况,以及楼板与外墙的关系等;

(3) 屋顶、檐口、女儿墙及屋顶圈梁的形状、大小、材料及构造情况。

3. 墙身剖面图的识读方法

(1) 了解墙身详图的图名,了解墙身剖面图的剖切符号,明确该详图是表示哪面墙或哪几面墙体的构造,是从何处剖切的,根据详图的轴线编号及图名去查阅有关图纸;

(2) 了解外墙厚度与轴线的关系,明确轴线是在墙中还是偏向一侧;

(3) 了解细部构造、尺寸、做法,并应与材料做法表相对应;

(4) 明确墙体与楼板、檐口、圈梁、过梁、雨篷等构件的关系;

(5) 了解墙体的防潮防水及排水的做法。

【识读实例】

图 6.21 是某小型住宅楼墙身大样图,比例为 1:20。墙体分别为 H、B 轴外墙,厚度 200 mm,轴线位于墙中;室内外高差为 0.450 m;结合材料做法表可知,墙身防潮采用 C20 细石混凝土;标准层楼层构造为 8~10 mm 厚地板砖,120 mm 厚楼板;标准层楼层标高分别为 2.900 m、5.800 m;屋顶檐口采用外天沟;北卧室空调室外机位于飘窗间,设铝合金成品空调罩。JC-1 窗和 PC-1 窗设置护窗栏杆,高度分别为 1050 mm、900 mm。

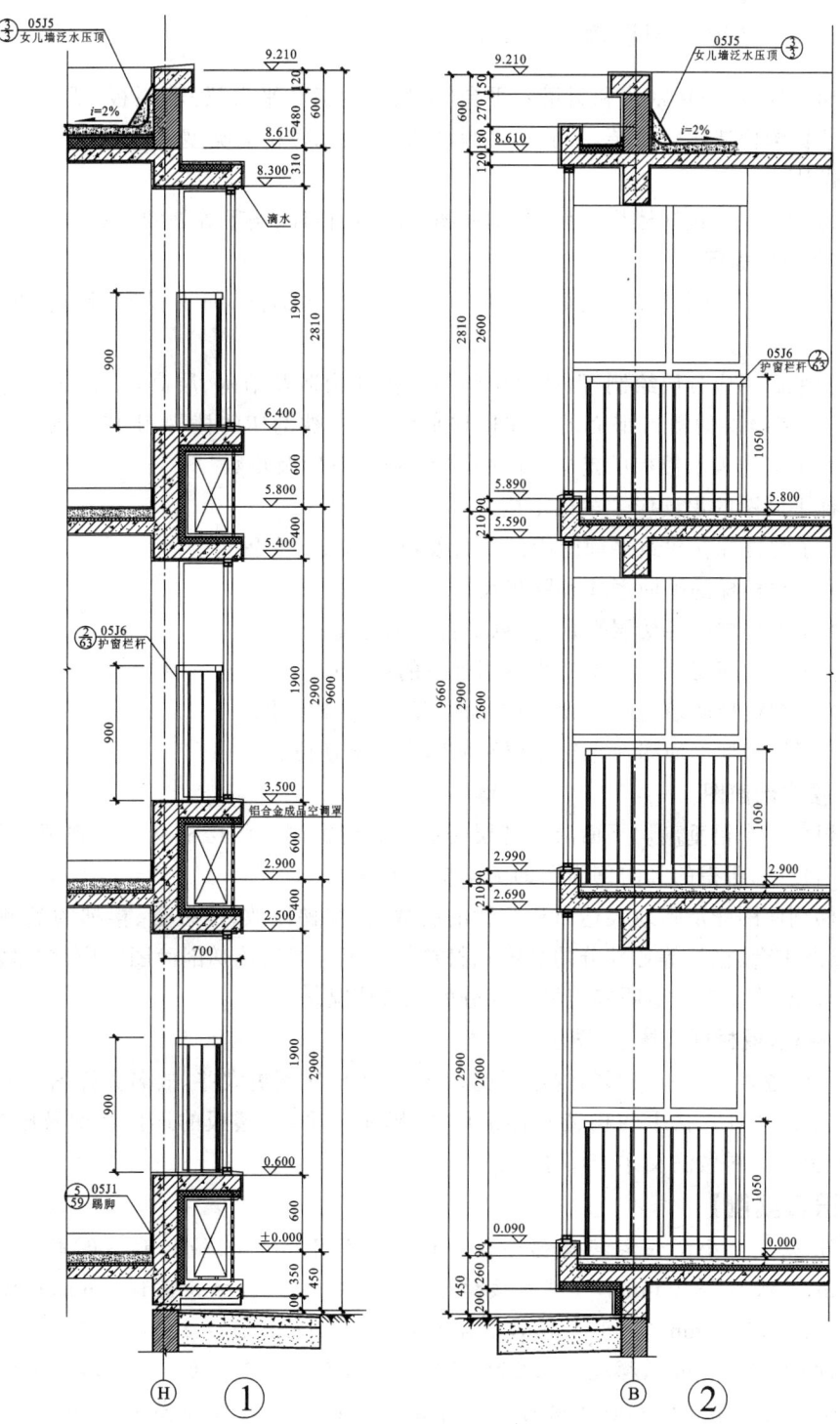

图 6.21 墙身大样图

6.5.2 楼梯详图识读

楼梯由梯段(包括踏步和斜梁)、平台(包括平台板和平台梁)和栏板(或栏杆)等部分组成。楼梯的构造比较复杂,一般需另画详图,以表示楼梯的类型、结构形式、各部位尺寸及装修做法。

楼梯详图一般包括楼梯平面图、剖面图及踏步、栏杆、扶手等处的节点详图。

1. 楼梯平面图

楼梯平面图是距每层地面 1 m 以上沿水平方向剖开,向下投影所得到的水平剖面图。

楼梯平面图应分层绘制,但如果中间各层楼梯构造及结构、层高均相同时,可只画底层、中间层和顶层的楼梯平面图。在楼梯平面图中,被剖切的楼梯用45°折断线表示;用带箭头的细实线表示楼梯的走向,并注写"上"(或"下")及步数。

楼梯平面图的识读应了解以下内容:

(1) 了解楼梯在建筑平面图中的位置及有关轴线的布置;
(2) 了解楼梯的平面形式和踏步尺寸;
(3) 了解楼梯间各楼层平台、休息平台面的标高;
(4) 了解中间层平面图中三个不同梯段的投影;
(5) 了解楼梯间墙、柱、门、窗的平面位置、编号和尺寸;
(6) 了解楼梯剖面图在楼梯底层平面图中的剖切位置。

2. 楼梯剖面图

假想用一个铅垂剖切平面沿着各层楼梯段和门窗洞口将楼梯从一层到顶层剖开,向另一方向投影,所得的竖向剖面图即为楼梯剖面图。

楼梯剖面图能清晰地表达出建筑物的层数、楼梯梯段数、步级数、楼梯的类型及结构形式,以及平台、栏杆等各部分的高度和材料做法等。阅读楼梯剖面图时应该与楼梯平面图互相对照,才能完整地明确楼梯各部分的构造情况。

3. 栏板(或栏杆)、扶手、踏步大样图

为了清楚表达这些细部的构造情况,这部分图样比例更大些,故名大样图。主要表明楼梯栏板(或栏杆)、扶手的构造及详细尺寸,踏步与平台、楼板的连接情况及踏步、防滑条、平台板的材料做法及详细尺寸等。

【识读实例】

图 6.22 是某小型住宅楼楼梯详图。楼梯间位于⑥～⑧轴和Ⓑ～Ⓔ轴,其开间为 2600 mm,进深为 5800 mm。本建筑楼梯为平行双跑楼梯,楼梯井宽 160 mm,梯段长分别为 2800 mm、1400 mm,宽 1120 mm,平台宽 1400 mm;梯段标注 280×5=1400,表明踏步数为 6 个,踏步宽 280 mm;梯段标注 280×10=2800,表明踏步数为 11 个,踏步宽 280 mm;本建筑楼梯间墙宽 200 mm;楼梯的走向用箭头表示,该楼梯踢面高 170 mm。楼梯入口处标高为-0.300 m,一层休息平台标高为 1.880 m,二层休息平台标高为 4.780 m。

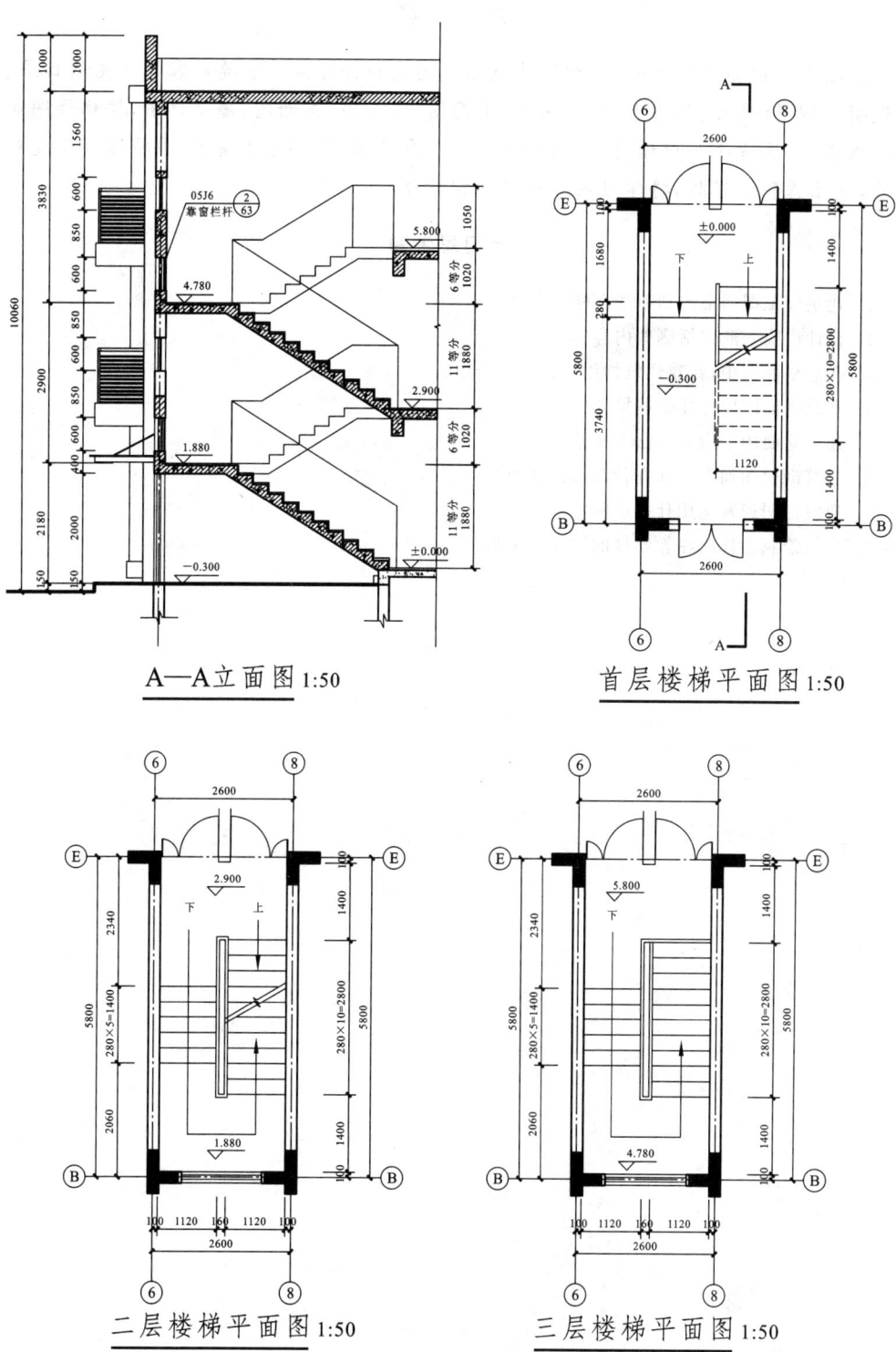

图 6.22 楼梯详图

小　结

本项目通过施工图实例，介绍了建筑施工图的识读方法。主要内容包括图纸目录、设计说明、材料做法表、门窗表、总平面图、平面图、立面图、剖面图、墙身详图、楼梯详图等的图示内容、表达方法和识读要点。读图时，应先看目录，了解总体情况，再将图样反复对照识读，并注意积累经验，将学习内容与实际相结合。

复习思考题

1. 建筑施工图通常包括哪些图样？
2. 设计说明一般包括哪些内容？
3. 在总平面图中，新建建筑物用什么线型表示？
4. 建筑平面图应标注哪些尺寸？
5. 建筑立面图的命名方法有哪些？
6. 建筑剖面图通常选择在什么部位剖切？
7. 建筑详图通常选用什么比例？
8. 你能绘制出你所在教学楼的楼梯详图吗？

*项目 7 测绘建筑施工图

教学目标

本项目为建筑识图课程的实训内容,通过对某一小型建筑进行实地测量并绘制其施工图,进一步了解和认识建筑,提高学生综合运用本课程所学各种知识在图纸上表达建筑的能力,同时提高学生观察和体验建筑的兴趣和水平,提高学生认知建筑的能力,从感性和理性上加深对建筑、空间、构造的理解和掌握,提高学生的图纸表达能力。

学生平时应多观察建筑物,勤思考各种类型的建筑物的组成部分以及如何利用所学的各种图示方法和各种图样正确、完整地在图纸上表达它们,从而把课堂所学知识与实际建筑物紧密联系起来。

一个测绘项目的完成需要多人的配合,在测绘的过程中,相互协作、各司其职,将会对培养学生的团队精神起到积极的作用,从而提高学生分析问题、解决问题的能力,培养团结协作的团队精神,提高学生的综合素质。

7.1 建筑测绘概述

建筑测绘是指对某一建筑物进行详细观察分析,并准确地测绘其建筑平面图、立面图、剖面图及其结构与装饰做法,是学习建筑技术与艺术处理手法的一项工作。

建筑测绘是综合运用本学期所学各种知识的实践环节。通过测绘来体验建筑,培养专业实践技能,为后续专业课程的学习奠定坚实的基础。同时,学生可进一步体验图样与实物的相互关系,提高识图能力。

本项目所指的测绘不同于精密测绘,而是通过简单的铅垂线、皮尺、钢卷尺、竹竿等获取建筑物及建筑构件的尺寸,然后以图样表达出来。本项目要求按施工图的深度进行绘制。在图样绘制过程中,应根据建筑的建造规律对实际测量数据进行简化和归纳,绘制出由现状得出的建筑施工图。

7.2 建筑单体测绘的内容

建筑单体测绘可利用学校的传达室、宿舍楼、教学楼等建筑物或建筑物的某一局部进行。

建筑测绘一般包括以下几方面的内容:

打 * 号的为选修内容。

1. 建筑各层平面图

对于大部分的单体建筑而言,一般只需钢卷尺、皮卷尺等就可以测出建筑的平面图。测绘平面图时,最重要的是先确定轴线尺寸,之后单体建筑的一切控制尺寸都应以此为根据。确定轴线尺寸后,再依次确定墙体、门窗、台阶、阳台、散水等的尺寸。

2. 建筑立面图

立面图须借助辅助工具进行测量。如借助竹竿、皮卷尺、铅垂球等测出高度。测出各点高度后,各个立面图就可以确定了。

3. 建筑剖面图

测量方法与测绘立面图的原理相同。不同的是,剖面图要更清晰地表达出各层之间的构造关系。

4. 屋顶平面图

包括女儿墙的位置和高度、局部出屋面部分(如楼梯间和设备房等)的墙体、屋面的排水组织方式等。

5. 详图

包括楼梯、线脚、墙身等部分的详图。

7.3 建筑单体测绘的步骤

1. 分组

每班学生以3~4人为一组,1人为组长,负责本组人员分工。每组准备皮卷尺和钢卷尺各一把。至少应包含以下几个工种:跑尺和记数(记数兼绘制草图,可2人分别绘制以便相互对照和补充)。

2. 熟悉即将绘制的建筑

了解该建筑的外观造型、立面、内部房间组成及大体尺寸、构造及与周围环境的协调等,获得对即将测绘建筑的观感认识。

3. 画草图

在草图纸或者速写本上将测绘对象的平、立、剖面图逐一绘出,要求注意各图样的比例关系。同时,一些建筑细部也要求绘出。

(1)平面图:确定平面图数量

包括:纵横轴线→放墙线→开门窗→区分线型→各种固定设备→加尺寸线。

(2)立面图:确定立面图数量

包括:地面、层高、屋面→开间→门窗、台阶→标高、尺寸等。

(3)剖面图:确定剖切位置与剖视方向、剖面图数量。

包括:地面→墙体(或柱)→楼板厚度及屋面→门窗→剖到的细部→看到的细部→标高、尺寸等。

4. 初测尺寸

按照分工,将各图样所需要的数据同时测出,并标注在草图上。

5. 尺寸调整

（1）所测建筑物的尺寸，由于误差及粉刷层的原因，得到的尺寸并不是那样的理想，这就需要对测得的尺寸进行处理和调整。调整的原则是尺寸就近取整，如 1541 就应调整为 1500。

（2）尺寸是否前后矛盾？误差是否较大？检查各分部尺寸之和是否与轴线尺寸相符；各轴线尺寸之和是否与总轴线尺寸相等。如果不相等，则需要返回上一步检查，看看是否有尺寸调整得过大或者过小。

（3）是否有漏测的尺寸？

6. 补测尺寸

在初次的测绘过程中不可避免地会有一些尺寸没有测到，在这一阶段中将其补充完整；另外，有些细部尺寸由于考虑欠周而没有测量，也应该在这次补测中加以测量，并绘制相关的测绘草图。在前一步的调整过程中，过于矛盾的某些尺寸也可以在这一次补测中加以复核，以便找出问题。

7. 画正图

要求按照施工图的要求和深度进行绘制。

各个图样的画法及步骤如上一个项目所述，此处不再赘述。

综上所述，建筑测绘的步骤是：人员分工→观察对象→勾勒草图→实测对象→记录数据→分析整理→绘制成图。

 实训项目

建筑单体施工图测绘

1. 实训目的

培养学生综合运用本课程所学各种知识在图纸上表达建筑的能力。

2. 实训要求

（1）由教师指定测绘对象，以中小型及身边建筑为佳，可选两幢建筑分组测绘。

（2）以铅笔线的形式完成图样绘制，要求达到建筑施工图的深度。

（3）用工程字体进行书写和标注。

3. 图纸规格

A2 绘图纸。

*项目 8　施工图识读实务模拟——图纸会审

教学目标

本项目为建筑识图课程的实训内容,了解并模拟施工企业的图纸会审程序,通过对项目 7 所测绘的建筑施工图进行图纸会审的实务模拟,发现项目 7 测绘施工图中所存在的问题,并进行解决,从而进一步理解和认识建筑以及建筑施工图,体验图纸会审程序。可邀请企业人员及高年级优秀学生参与。

通过图纸会审的实务模拟训练,提高学生发现问题、解决问题的能力,会对一般的问题提出修改建议,能编制图纸会审纪要,培养协调能力,提高学生的综合素质。同时,为学生就业后的专业工作打下良好的基础。

8.1　图纸会审认知

8.1.1　图纸会审的目的

图纸会审是指工程各参建单位(建设单位、监理单位、施工单位)在收到设计院施工图设计文件后,对图纸进行全面细致的审核,审查出施工图中存在的问题及不合理情况并提交设计院进行处理的一项重要活动。通过图纸会审,可以使各参建单位特别是施工单位熟悉设计图纸,领会设计意图,掌握工程特点及难点,找出需要解决的技术难题并拟订解决方案,从而将因设计缺陷而存在的问题消灭在施工之前。因此,图纸会审的深度和全面性将在一定程度上影响工程施工的质量、进度、成本、安全和工程施工的难易程度。只要认真做好了此项工作,图纸中存在的问题一般都可以在图纸会审时被发现并尽早得到处理,从而可以提高施工质量,节约施工成本,缩短施工工期,提高效益。因此,图纸会审是工程施工前的一项必不可少的重要工作。

图纸会审记录对于施工单位而言很重要,是竣工决算凭据和存档资料之一。从《建筑工程施工质量验收统一标准》(GB 50300—2001)附录 G 中表 G0.1.2"单位(子单位)工程质量控制资料核查记录"可知,图纸会审记录资料放在质量控制资料当中的第一项,由此可见,图纸会审是非常重要的一项施工活动。

知识拓展

图 纸 自 审

工程设计施工图纸,虽然经过设计单位和图审机构的层层把关,也难免出现错、漏、碰现象。为了保证施工的顺利进行,实现质量目标,作为施工单位,在图纸会审之前,首先应形成自己的图纸自审意见,做好图纸自审,形成自审记录,报建设(监理)单位并由其转交设计单位进行设计交底准备。所以,会审前进行图纸自审是至关重要的。

1. 图纸自审的要求

(1) 图纸自审由单位技术负责人主持。

(2) 单位技术负责人应组织项目部技术人员及有关职能部门的人员,以及主要工种班组长等进行图纸的自审,并作出自审的书面记录。

(3) 对自审后发现的问题必须进行内部讨论,务必全面弄清设计意图和工程特点及特殊要求。

2. 图纸自审的内容

(1) 熟悉拟建工程的功能

首先了解工程的功能是什么,是车间还是办公楼,是商场还是宿舍?

了解功能之后,识读建筑说明,熟悉工程装修情况。掌握一些基本尺寸和装修,例如卫生间一般会贴地砖、做墙裙,卫生间、阳台地面标高一般会低几厘米;车间的尺寸一定满足生产的需要,特别是满足设备安装的需要等。

(2) 熟悉、审查工程平面尺寸

建筑工程施工平面图一般有三道尺寸,分别是细部尺寸、轴线尺寸和总尺寸。检查各分部尺寸之和是否与相应的总尺寸相符,并留意边轴线是否是墙中心线。识图时,先识建施平面图,再识结施平面图,最后识水电空调安装、设备工艺、第二次装修施工图,检查它们是否一致。熟悉本层平面尺寸后,审查是否满足使用要求。识读下一层平面图尺寸时,检查与上一层有无不一致的地方。

(3) 熟悉、审查工程立面尺寸

建筑工程建施图包含有立面图、剖面图、楼梯剖面图,这些图有工程立面尺寸信息;建施平面图、结施平面图上,一般也标有本层标高;建筑详图也标注有标高。立面图一般有三道尺寸,第一道是窗台、门窗的高度等细部尺寸,第二道是层高尺寸,并标注有标高,第三道是总高度。审查的方法与审查平面各道尺寸一样,检查第一道尺寸相加之和是否等于第二道尺寸。通过这些施工图,可掌握工程的立面尺寸。检查立面图各楼层的标高是否与建施平面图相同,再检查建施的标高是否与结施标高相符(注意,同一楼层建施图的标高应比结施图的标高高几厘米)。

熟悉立面图后,主要检查门窗顶标高是否与其上一层的梁底标高相一致;检查楼梯踏步的水平尺寸和标高是否有错,检查梯梁下竖向净空尺寸是否足够,会否出现碰头现象。

(4) 检查施工图中容易出错的地方有无出错

熟悉建筑工程尺寸后,再检查施工图中容易出错的地方有无出错,主要检查内容如下:

① 管道等其他专业需要在土建楼板、墙壁上预留的孔洞,在土建图纸上是否表示,尺寸、标高是否相符。

② 各专业之间,尤其是设备专业和土建专业图纸上的轴线、标高尺寸是否统一,有无矛盾之处。

③ 其他专业需要在土建图纸中预埋的铁件、螺栓,在土建图纸里是否表示,尺寸是否准确无误。

④ 设计施工图纸能否符合实际情况，施工时有无困难，能否保证质量。

⑤ 设计施工图纸中采用的材料、设备能否购到。

(5) 审查原施工图有无需要改进的地方。

总之，按照"熟悉拟建工程的功能；熟悉、审查工程平面尺寸；熟悉、审查工程的立面尺寸；检查施工图中容易出错的部位有无出错；检查有无需改进的地方"的程序和思路，有计划、全面地展开识图、审图工作。

图纸自审完成后，由项目部负责整理并汇总，在图纸会审前交由建设（监理）单位送交设计单位，目的是让设计人员提早熟悉图纸中存在的一些问题，做好设计交底准备，以节省时间，提高会审的质量。

8.1.2　图纸会审的程序

图纸会审由建设单位召集，并由建设单位分别通知设计、监理、施工（分包施工）等单位参加。

图纸会审的一般程序：业主或监理方主持人发言→设计方图纸交底→施工方、监理方代表提问题→逐条研究→形成会审记录文件→签字、盖章后生效。

8.1.3　图纸会审的内容

(1) 专业图纸之间，平、立、剖面图之间有无矛盾；标注有无遗漏。

(2) 总平面与施工图的几何尺寸、平面位置、标高等是否一致。

(3) 防火、消防是否满足。

(4) 建筑结构与各专业图纸是否有差错及矛盾。

(5) 结构图与建筑图的平面尺寸及标高是否一致。

(6) 建筑图与结构图的表示方法是否清楚。

(7) 预埋件是否表示清楚。

(8) 材料来源有无保证；新材料、新技术的应用是否有问题。

(9) 建筑与结构构造是否存在不便于施工的技术问题，或容易导致质量、安全、工程费用增加等方面的问题等。

图纸会审后，由施工单位对会审中的问题进行归纳整理，建设、设计、监理及其他与会单位进行会签，形成正式会审记录，作为施工文件的组成部分。

8.1.4　会审记录的内容

(1) 工程项目名称。

(2) 参加会审的单位（要写全称）及其人员名字。

(3) 会审地点（地点要具体）和会审时间（年、月、日）。

(4) 会审记录内容

① 建设单位、监理单位、施工单位对设计图纸提出的问题已得到设计单位的解答或修改（要注明图别、图号，必要时要附图说明）。

② 施工单位为便于施工，就施工安全或建筑材料等问题要求设计单位修改部分设计

的会商结果与解决方法(要注明图别、图号,必要时附图说明)。

③ 会审中尚未得到解决或需要进一步商讨的问题。

④ 列出参加会审单位全称,并盖章后生效。

图纸会审记录由施工单位按建筑、结构、安装等顺序整理、汇总,各单位技术负责人会签并加盖公章形成正式文件。

图纸会审记录是正式文件,不得在其上涂改或变更。

对图纸会审提出的问题,凡涉及设计变更的,均应由设计单位按规定程序发出设计变更单(图),重要设计变更应由原施工图审查机构审核后方可实施。

图纸会审记录表(参考示例)见表 8.1。

表 8.1 图纸会审记录表(参考示例)

工程名称	×××花园社区 A2 区 17# 楼	时 间	2010 年 10 月 16 日
地 点	工地二楼会议室	专业名称	土建
序号	图号	图纸问题	会审意见
1	建施 01	建筑设计说明中所有木门没有标准图集号?	04J601—1 木门窗
2	建施 01	第十(12)条原说明中"高度为 120mm"	改为"高度为 1200mm"
3	建施 01	第六(01)条原说明中的"120 黏土砖保护层"	改为"120 黏土砖保护层,M10 水泥砂浆砌筑"
4	建施 02	1~4 层 C4 为 2500 宽,5~6 层 C4 为 2700 宽?	C4 均按 2500 施工
5	建施 04	南、北立面图的线条为腰线还是涂料?	为橘红色外墙涂料
6 ...	结施 06	建施图中 4~12 层的东西两侧阳台长度与结构平面图不一致	以结施图为准
施工单位	项目(专业)技术负责人: 项目负责人: (公章)	监理单位	专业技术人员: (监理工程师) 项目负责人: (总监理工程师) (公章)	设计单位	专业设计人员: 项目负责人: (公章)

8.1.5 会审记录的发送

(1)盖章生效的图纸会审记录由施工单位的项目资料员负责发送。

(2)会审记录发送单位

① 建设单位；
② 设计单位；
③ 监理单位；
④ 施工单位。

8.2　图纸会审实务模拟

针对项目 7 所测绘的建筑施工图纸进行图纸会审实务模拟。

图纸会审实务模拟的步骤：

1. 人员组成

分别模拟图纸会审时的各种角色。绘制图纸的一组学生模拟设计方，另外一组学生模拟施工方，邀请高年级学生或企业人员模拟监理方，老师模拟建设方。

2. 图纸自审

设计方把施工图纸交给施工方与监理方，施工方与监理方对图纸进行自审，对图纸进行全面细致的熟悉，审查出施工图中存在的问题及不合理情况，并提交设计方进行处理。

3. 图纸会审

监理方主持人发言→设计方图纸交底→施工方、监理方代表提问题→逐条研究→形成会审记录文件→签字、盖章后生效。

4. 会审记录

图纸会审后，由施工方对会审中的问题进行归纳整理，设计方、监理方进行会签，形成正式会审记录。

 实训项目

图纸会审实务模拟

1. 实训目的

通过图纸会审实务模拟，提高学生发现问题、解决问题的能力，会对一般的问题提出修改建议，能编制图纸会审记录，培养协调能力，提高学生的综合素质。同时，为学生就业后的专业工作打下良好的基础。

2. 实训要求

（1）由教师指定人员组成。

（2）施工方应进行图纸自审，对自审中发现的问题进行内部讨论，形成统一的意见，并作出自审的书面记录。

（3）由施工方对会审中的问题进行归纳整理，设计方、监理方进行会签，形成正式会审记录。

参 考 文 献

[1] 陆叔华.建筑制图与识图.2版.北京:高等教育出版社,2007.
[2] 白丽红.土木工程识图.北京:机械工业出版社,2010.
[3] 陈文斌,章金良.建筑工程制图.上海:同济大学出版社,2003.
[4] 焦胜军.土木工程识图.北京:机械工业出版社,2010.
[5] 尚久明.土木工程识图.北京:中国铁道出版社,2010.
[6] 张建荣.土木工程识图.上海:华东师范大学出版社,2010.

建 筑 图纸目录

工程编号	2011-35
建筑面积	862.81 m²
工程名称	某小区5#楼
结构形式	剪力墙
子项名称	
折合张数(A2)	

序号	图 号	图 纸 名 称	图幅	备 注
01	建总-1	总平面图	A2	
02	建-1	设计说明　　内装修做法	A1	
03	建-2	门窗详图	A1	
04	建-3	地下一层	A1	
05	建-4	一层平面图	A1	
06	建-5	二层平面图	A1	
07	建-6	阁楼层平面图	A1	
08	建-7	屋顶平面图	A1	
09	建-8	①-⑨轴立面图　⑨-①轴立面图　Ⓐ-Ⓛ立面图　Ⓛ-Ⓐ轴立面图	A1	
		①-①剖面图　②-②剖面图	A1	
10	建-9	楼梯详图	A1	
11	建-10	墙身大样（一）	A1	
12	建-11	墙身大样（二）	A1	
13	建-12	墙身大样（三）	A1	

序号	选 用 图 集 名 称	备注
01		
02		
03		

会签	建筑专业	结构专业	暖通专业	给排水专业	电气专业	项目负责人	批　准

出图日期：2011年06月12日

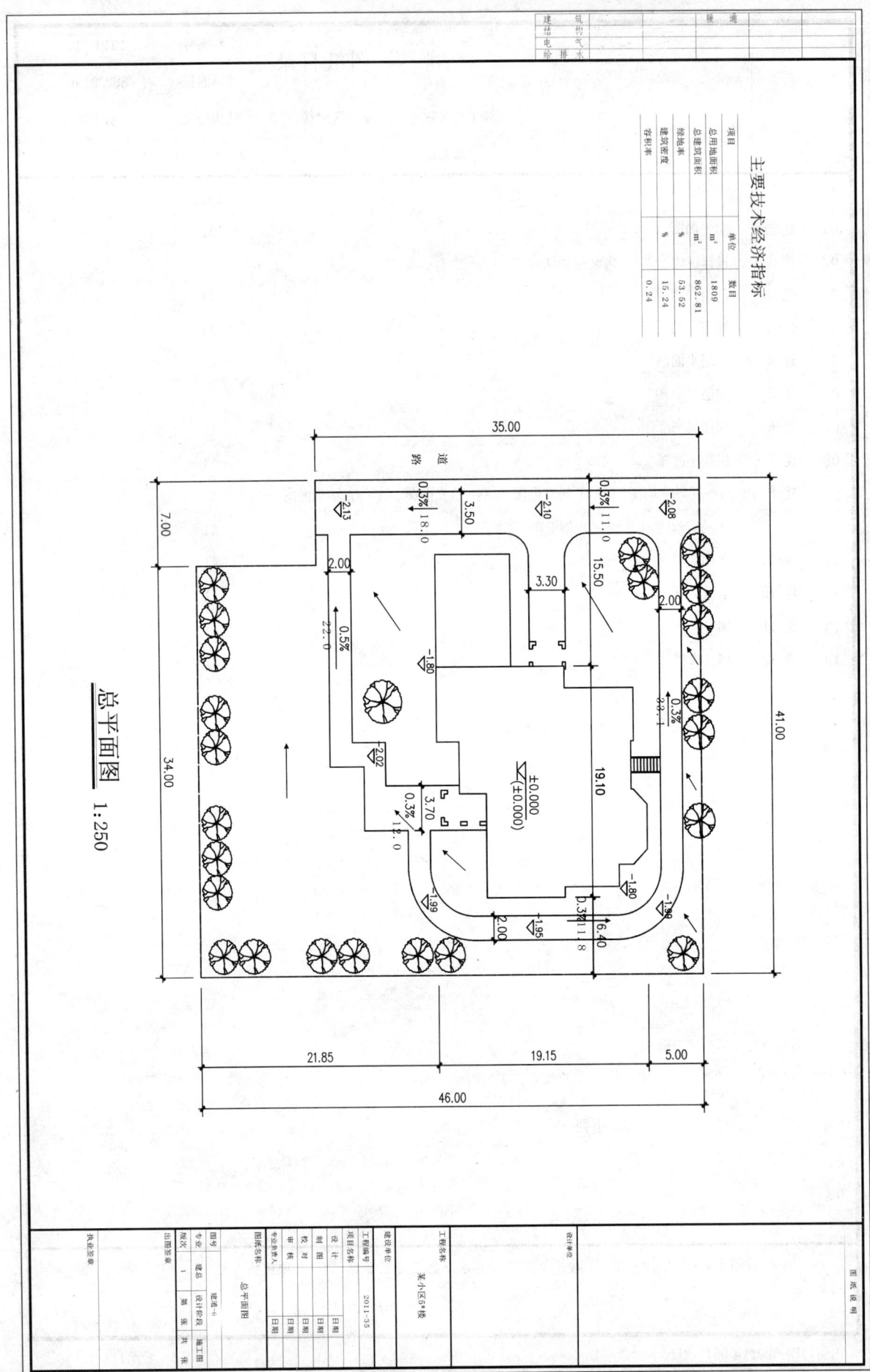